解 读 地 球 密 码

丛书主编　孔庆友

帝王之石

宝石

Gem
The Monarch's Stone

本书主编　胡　戈　刘瑞华

山东科学技术出版社

·济南·

图书在版编目（CIP）数据

帝王之石——宝石 / 胡戈，刘瑞华主编 . -- 济南: 山东科学技术出版社，2016.6（2023.4 重印）
（解读地球密码）
ISBN 978-7-5331-8371-4

Ⅰ . ①帝… Ⅱ . ①胡… ②刘… Ⅲ . ①宝石—普及读物 Ⅳ . ① TS933.21-49

中国版本图书馆 CIP 数据核字 (2016) 第 141384 号

丛书主编 孔庆友
本书主编 胡 戈 刘瑞华
参与人员 张朋朋 刘 帅 刘瑞峰

帝王之石——宝石
DIWANG ZHI SHI——BAOSHI

责任编辑：焦 卫 宋丽群
装帧设计：魏 然

主管单位：山东出版传媒股份有限公司
出 版 者：山东科学技术出版社
    地址：济南市市中区舜耕路 517 号
    邮编：250003 电话：（0531）82098088
    网址：www.lkj.com.cn
    电子邮件：sdkj@sdcbcm.com
发 行 者：山东科学技术出版社
    地址：济南市市中区舜耕路 517 号
    邮编：250003 电话：（0531）82098067
印 刷 者：三河市嵩川印刷有限公司
    地址：三河市杨庄镇肖庄子
    邮编：065200 电话：（0316）3650395

规格：16 开（185 mm×240 mm）
印张：9.25 字数：167 千
版次：2016 年 6 月第 1 版 印次：2023 年 4 月第 4 次印刷
定价：40.00 元

审图号：GS（2017）1091 号

普及地质科学知识
提高民族科学素质

李廷栋

2016年元月

传播地学知识，弘扬科学精神，
践行绿色发展观，为建设
美好地球村而努力。

翟裕生
2015年10月

贺　词

　　自然资源、自然环境、自然灾害，这些人类面临的重大课题都与地学密切相关，山东同仁编著的《解读地球密码》科普丛书以地学原理和地质事实科学、真实、通俗地回答了公众关心的问题。相信其出版对于普及地学知识，提高全民科学素质，具有重大意义，并将促进我国地学科普事业的发展。

国土资源部总工程师　签名

　　编辑出版《解读地球密码》科普丛书，举行业之力，集众家之言，解地球之理，展齐鲁之貌，结地学之果，蔚为大观，实为壮举，必将广布社会，流传长远。人类只有一个地球，只有认识地球、热爱地球，才能保护地球、珍惜地球，使人地合一、时空长存、宇宙永昌、乾坤安宁。

山东省国土资源厅副厅长　签名

编著者寄语

★ 地学是关于地球科学的学问。它是数、理、化、天、地、生、农、工、医九大学科之一，既是一门基础科学，也是一门应用科学。

★ 地球是我们的生存之地、衣食之源。地学与人类的生产生活和经济社会可持续发展紧密相连。

★ 以地学理论说清道理，以地质现象揭秘释惑，以地学领域广采博引，是本丛书最大的特色。

★ 普及地球科学知识，提高全民科学素质，突出科学性、知识性和趣味性，是编著者的应尽责任和共同愿望。

★ 本丛书参考了大量资料和网络信息，得到了诸作者、有关网站和单位的热情帮助和鼎力支持，在此一并表示由衷谢意！

科学指导

李廷栋　中国科学院院士、著名地质学家
翟裕生　中国科学院院士、著名矿床学家

编著委员会

目 录
CONTENTS

 **宝石概谈**

Part
4 帝王之石

Part 5 宝石之星

石英族单晶宝石/90

石英是自然界中最常见、最主要的造岩矿物，也是应用数量和范围颇大的一类宝石，是最常见最普通的宝石，也就是我们常常见到的水晶。

长石族宝石/95

长石是一个重要的宝石家族，品种繁多，凡是颜色漂亮、透明度高的均可用作宝石，重要的品种还有特殊的光学效应，比如月光石、日光石和拉长石等。

石榴子石族宝石/100

石榴子石是一个复杂的矿物族，其种类已有12个之多。其中，暗红色的铁铝榴石和镁铝榴石都为常见宝石，价值不高；而橙色、橙红色的锰铝榴石则较为稀有，有较高的商业价值；绿色的翠榴石和钙铝榴石则是最为珍贵的品种。

友谊之石——托帕石/103

托帕石是宝石级别的黄玉，是流行的中低档宝石。它透明度好、硬度高、反光效果好。托帕石因丰富多彩的颜色颇受人们的青睐，被列为11月份生辰石。

落入人间的彩虹——碧玺/105

　　碧玺是宝石级的电气石，受热会产生电荷。是受人喜爱的中档宝石品种，被誉为10月份生辰石。

太阳宝石——橄榄石/107

　　橄榄石是一种古老的宝石品种，因其特有的橄榄绿色而得名。古时候人们认为佩戴用黄金镶制的橄榄石护身符能消除恐惧，驱逐邪恶，并认为橄榄石具有太阳般的神奇力量。橄榄石同缠丝玛瑙一起被定为8月份生辰石，象征幸福和谐。

完美的替身——尖晶石/109

　　达到宝石级别的尖晶石多以镁尖晶石为主，其中浅粉红色到血红色的、含铬的红尖晶石最名贵。在历史上曾经一度被认为是红宝石。

成功之石——锆石/111

　　锆石是天然无色透明的宝石中折射率仅低于钻石且色散值很高的宝石，光学效果酷似钻石，是钻石最好的天然替代品。锆石是12月份的生辰石，象征着成功。

福海之石——海蓝宝石/114

　　海蓝宝石与祖母绿为"同宗兄弟"，皆为绿柱石类宝石，其中极品为颜色稍深较蓝略带微绿的色调，是航海者的护身符。海蓝宝石是3月份的生辰石，象征着智慧。

Part 6 宝石鉴定

宝石肉眼鉴定方法/117

尽管我们认识了那么多种宝石，但如何鉴别宝石的优劣和真伪呢？首先是肉眼鉴定：观察宝石的颜色、透明度、光泽，试硬度，观察包裹体等方法会让我们方便快捷地对手上的宝石作出初步鉴定。

宝石鉴定仪器/119

大多数时候，我们要鉴定宝石必须借助一些仪器设备。这些仪器能够告诉我们测试样品各类准确的信息，进而对宝石作出综合判定。其中有便携的放大镜、滤色镜、宝石显微镜、紫外灯，也包括一些大型设备，如X射线衍射分析仪和拉曼光谱仪等。

宝石的主要鉴定特征/126

有了这些先进的鉴定仪器，如何对宝石进行鉴定呢？在这里，重点介绍了一下五大宝石及其仿用品的鉴定特征和鉴定参数，对比这些特征和参数，我们就可以准确判断宝石的真伪、优劣了。

地学知识窗

Part 1 宝石概谈

　　什么是宝石？宝石是指自然界产出的，具有美观、耐久、稀少且可琢磨、雕刻成首饰或工艺品的矿物晶体。主要包括钻石、红宝石、蓝宝石、祖母绿、猫眼石、海蓝宝石、碧玺、水晶等。

宝石的概念

一、宝石的定义

宝石（广义）亦即珠宝玉石，是指所有经过琢磨、雕刻后可以成为首饰或工艺品的材料。主要包括有机宝石、宝石（狭义）、玉石等。

有机宝石是由古代生物和现代生物作用所形成的符合宝石工艺要求的有机矿物或有机宝石。是来自于含有有机材料，皆由动物、植物、生物所衍生的。天然有机宝石高雅温馨、光彩迷人。市场上常见的如珍珠、琥珀、象牙等。

玉石一般是指自然界产出的，具有美观、耐久、稀少和工艺价值的矿物集合体。主要包括翡翠、和田玉、岫玉、独山玉、玛瑙等。

宝石（狭义）是指自然界产出的，美观、耐久、稀少且可琢磨、雕刻成首饰或工艺品的矿物单晶体或双晶。主要包括钻石（图1-1）、祖母绿（图1-2）、红宝石（图1-3）、蓝宝石（图1-4）、海蓝宝石、碧玺、水晶等。

本书将重点介绍珠宝玉石中的宝石（狭义）的相关知识。

▲ 图1-1 钻石

▲ 图1-2 祖母绿

▲ 图1-3 红宝石

▲ 图1-4 蓝宝石

二、宝石具备的条件

作为宝石材料必须具有三大主要特征，那就是：美观性、耐久性和稀少性。

1. 美观性

晶莹艳丽、光彩夺目，这是作为宝石的首要条件。如红宝石、蓝宝石和祖母绿具有纯正而艳丽的色彩；无色的钻石可显示不同的光谱色，我们称之为火彩；欧泊拥有各种颜色的色斑，这是一种变彩；某些宝石能产生猫眼似的亮带和星状光带，都是美的体现。当然，大多数宝石的美丽是潜在的，只有经过适当的加工才能充分地显露出来。

2. 耐久性

质地坚硬，经久耐用，这是宝石的特色。绝大多数宝石能够抵抗摩擦和化学侵蚀，使其永葆美丽。宝石的耐久性取决于宝石的化学稳定性和宝石的硬度。通常宝石的化学稳定性极好，可长时间地保存，世代相传。宝石的硬度也往往较大，大于摩氏硬度7度，这样的硬度使得宝石在佩戴的过程中不易磨损，瑰丽常在。而玻璃等仿制品因为硬度太低，不能抵抗外在的磨蚀，所以会很快失去光彩。

3. 稀少性

物以稀为贵，稀少性在决定宝石价值上起着重要的作用。稀少导致着供求关系的变化：钻石是昂贵的，因为它稀少；一颗具有精美色彩的无瑕祖母绿是极度稀少的，它可能比一颗大小和品质相当的钻石价格更高。橄榄石晶莹剔透，色彩柔和，但因为它产出量较大，所以只能算作中低档宝石。人工合成的宝石，虽然在性质上与天然宝石相同，但合成宝石可以大量生产，因而在价格上与天然宝石相距极殊。

宝石的主要分类

一、天然宝石

天然宝石的定义：由自然界产出的，美观、耐久、稀少的，具有工艺价值，可加工成装饰品的物质。

二、人工宝石

完全或部分由人工生产或制造，用作首饰及装饰品的材料统称为人工宝石。包括合成宝石、人造宝石、再造宝石、拼合宝石四类。

合成宝石：完全或部分由人工制造且自然界有已知对应物的晶质体、非晶质体或集合体，其物理性质、化学成分和晶体结构与所对应的天然宝石基本相同。

人造宝石：由人工制造且自然界无已知对应物的晶质或非晶质体。

再造宝石：通过人工手段将天然宝石的碎块或碎屑熔接或压结成具整体外观的宝石。

拼合宝石：由一块以相同种或不同种原石分别切成顶和底再黏结成型或加底垫组合成一体的宝石。

宝石的性质

一、光学性质

1. 颜色

通常分为他色和自色两种。自色宝石是指宝石的颜色由化学成分中的主要元素所致。他色宝石指宝石成分很纯净时通常为无色，颜色主要来自所含的微量元素，如刚玉，含微量铬离子时形成红宝石，含铁、钛离子时形成蓝宝石。

2. 光泽

指宝石表面对可见光的反射能力。

光泽强弱等级

矿物学中将光泽由强至弱分成4级，即金属光泽、半金属光泽、金刚光泽、玻璃光泽。一般情况下，金属矿物晶面反射能力强，不透明，晶面显金属光泽和半金属光泽。非金属矿物能不同程度地被光线穿透，显金刚光泽、玻璃光泽或其他非金属光泽。

宝石光泽强度取决于宝石本身的折射率和表面光洁度。

3. 透明度

是指物体允许可见光透过的程度。

可分为透明、半透明、亚透明、半亚透明、不透明等。

4. 特殊的光学效应

包括猫眼效应、星光效应、变彩效应、晕彩效应、变色效应等。

5. 色散

白光通过透明物质的倾斜平面时，分解成它的组成波长。俗称火彩。

6. 多色性

在光性非均质体的有颜色的宝石晶体中，由于晶体各个方向质点排列差异，所以不同方向上光的偏振吸收不同，选择吸收也不相同，具有多色性的特点。非均质体有色宝石可有二色性或三色性。

7. 折射率与双折射率

均质体宝石由于是光学各向同性

猫眼效应、星光效应、变彩效应

猫眼效应：因自然界有许多宝石加工成弧面形琢型后，在其弧面上会出现一条明亮并具有一定游动性（闪光或活光）的光带，宛如猫眼细长的瞳眸而得名。

星光效应：晶体内细小密集呈平行排列的纤维状或针状的包体或晶纹或定向解理对光的反射而形成的特殊光学效应。

变彩效应：由于宝石的特殊结构对光的干涉、衍射作用产生的颜色，颜色随着光源或观察角度的变化而变化，这种现象称为变彩效应。

——地学知识窗——

晕彩效应、变色效应

晕彩效应：光波因薄膜干涉或沂射的作用，致使某些光减弱或消失，某些光波加强，而产生的颜色现象称为晕彩效应。

变色效应：宝石矿物的颜色随入射光光谱能量分布或入射光波长的改变而改变的现象称为变色效应。

的，故为单折射。各向异性的宝石有两个折射率，称为双折射。两个折射率之间的最大数值差称为双折射率。

8. 吸收光谱

纯白光为一连续的从红色到紫色的光谱，但当白光穿过一个有色宝石时，一定颜色或波长可被宝石所吸收，这导致该白光光谱中有一处或几处间断，这些间断以暗线或暗带形式出现。许多宝石显示出在可见光谱中吸收带或线的特征样式，其完整的样式被称为吸收光谱。

二、力学性质

1. 硬度

宝石的硬度是指宝石抵抗外来机械作用力（如刻面、压入、研磨等）侵入的能力。在矿物学中所称的硬度通常是指摩氏硬度。其顺序为：1滑石；2石膏；3方解石；4萤石；5磷灰石；6长石；7石英；8黄玉；9刚玉；10钻石。

2. 韧度

韧度是指物体抗磨损、抗拉伸、抗压入等的能力，也可叫作抗分裂的能力。韧度高，即表示物体难于破裂。

3. 解理

晶体在受到外力作用时，能沿晶面或结晶的特殊方向发生破裂的性质称为解理。沿解理产生的平行的、光滑的破裂面称为解理面。

4. 断口

在外力作用下，宝石矿物不按一定结晶方向发生的断裂面称为断口。断口有别于解理面，它一般是不平整弯曲的面。

三、热学性质

热导性：不同宝石传导热的性能差异很大，所以热导性也可作为宝石的鉴定特征之一。宝石界一般以相对热导率表示宝石的相对导热性能。相对热导率的确定，以银或尖晶石的热导率为基数。钻石

——地学知识窗——

摩氏硬度

表示矿物硬度的一种标准。在矿物学或宝石学上都习惯用摩氏硬度的说法。1812年由德国矿物学家摩斯（Frederich Mohs）首先提出。应用划痕法使用棱锥形金刚钻针刻划所试矿物的表面产生划痕，用测得的划痕的深度分10级来表示硬度，矿物硬度由小到大依次为：滑石（talc）（硬度最小），石膏（gypsum），方解石（calcite），萤石（fluorite），磷灰石（apatite），正长石（feldspar; orthoclase; periclase），石英（quartz），黄玉（topaz），刚玉（corundum），金刚石（diamond）。

的热导率比其他宝石高出数十倍至数千倍，若以尖晶石的热导率为1时，钻石的相对热导率是56.9～170.8，金的相对热导率是44，银的相对热导率是31，而刚玉的相对热导率是2.96，托帕石的相对热导率是1.59，其他多数非金属宝石的相对热导率都小于1。

热惰性：是指在给定时间和给定热量下，宝石或其他材料表面温度变化的速度。例如钻石的热惰性为0.82～1.42 cal/cm^2·℃·s1/2，远高于所有仿制品。

热膨胀性：矿物的热膨胀性质通常以线热膨胀率（α）表示，即矿物温度升高绝对温度1℃，矿物长度增量同原长度之比。体积膨胀率是三维线膨胀之和。

四、电学性质

导电性：良导体一般为金属键矿物，如自然金、自然铜等；半导体如Ⅱb型钻石；非导体（绝缘体）一般是离子键、共价键矿物，除Ⅱb型钻石外。

压电性：某些晶体在机械压力或张力作用下，可在晶体两端产生正、负电荷的性质。如α-石英和β-石英。

热电性：宝石晶体被加热时，两端产生正、负电荷的性质。如电气石晶体加热到一定温度时，沿C轴一端带正电荷，另一种就带负电荷；当晶体被冷却时，则晶体两端电荷变号。带电后的电气石可吸引细小物体。

静电性：指一些非导电性的材料，因摩擦而表面产生电荷的性质。这些材料因摩擦带电后可吸引细小物体。如琥珀、塑料等。

Part 2 宝石的结晶学知识

每种宝石都是矿物晶体且各具个性特征，并通常表现出典型的规则几何形

态——晶形。这种形态是其格子构造的外观表现，如钻石、水晶、红宝石、蓝宝

石、祖母绿等。

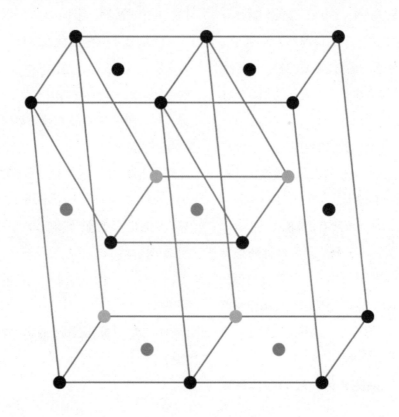

宝石晶体的形成

一、宝石晶体的形成方式

宝石晶体和其他晶体一样，都具有格子构造。它的发生和成长，实质上是在一定的条件下组成物质的质点按照格子构造规律排列的过程。晶体是在物相（气相、液相、固相）转变的情况下形成的。

1. 由液相转变为固相

（1）从熔体中结晶：当温度低于熔点时，晶体开始析出，也就是说，只有当熔体过于冷却时晶体才能形成。如水在温度低于0℃时结晶成冰；金属熔体冷却到熔点以下结晶成金属晶体。

（2）从溶液中结晶：当溶液达到过饱和时，才能析出晶体。其方式有：

①温度降低，如岩浆期后的热液越远离岩浆源则温度将渐次降低，各种矿物晶体陆续析出；

②水分蒸发，如天然盐湖卤水蒸发，盐类矿物结晶出来；

③通过化学反应，生成难溶物质。外来物质的加入可以促使过饱和溶液结晶，如过饱和的二氧化硅溶液流到有石英颗粒的围岩（如花岗岩）中时，使围岩中的石英颗粒长大，形成水晶。

在自然界，岩浆期后产生含有各种金属物质的热水溶液。从这种热液中沉淀出各种金属矿物和非金属矿物，如方铅矿、闪锌矿、萤石、方解石等，就是从溶液中生成晶体的例子。

2. 由气相转变为固相

从气相直接转变为固相的条件是要有足够低的蒸汽压。在火山口附近常由火山喷气直接生成硫、碘或氯化钠的晶体。这样的作用在地下深处亦有发生，如有些矿物就可以在岩浆作用期后由气体中直接生成（萤石、绿柱石、电气石等）。

3. 由固相再结晶为固相

再结晶作用可以有以下几种情况：

（1）同质多象转变：所谓同质多象转变是指某种晶体，在热力学条件改变时转变为另一种在新条件下稳定的晶体。它们在转变前后的成分相同，但晶体结构不同。如在573℃以上二氧化硅可以形成高温石英，而当温度降低到573℃以下时则转变为晶体结构不同的低温石英（水晶）。

（2）原矿物晶粒逐渐变大：如由细粒方解石组成的石灰岩与岩浆岩接触时，结晶成为由粗粒方解石晶体组成的大理岩。

（3）固溶体分解：在一定温度下，固溶体可以分离成为几种独立矿物。例如由一定比例的闪锌矿和黄铜矿在高温时组成为均一相的固溶体，而在低温时就分离成为两种独立矿物。

（4）变晶：矿物在定向的压力方向上溶解，而在垂直于压力方向上再结晶，因而形成一向延长或二向延展的变质矿物，如角闪石、云母晶体等。这样的变质矿物称为变晶。有时在变质岩中发育成斑状晶体称为变斑晶。

（5）由固态非晶质结晶：火山喷发出的熔岩流迅速冷却，固结为非晶质的火山玻璃（黑耀石）。这种火山玻璃经过千百年以上的长时间以后，可逐渐变为结晶质。

上述各种形成晶体的结晶过程，最初都需要先形成微小的晶核，然后再发育长大成为一定大小的晶体。

二、宝石晶体的成长

1. 层生长理论

层生长理论的中心思想是：晶体生长过程是晶面层层外推的过程（图2-1）。

层生长理论有一个缺陷，当将这一界面上的所有最佳生长位置都生长完后，

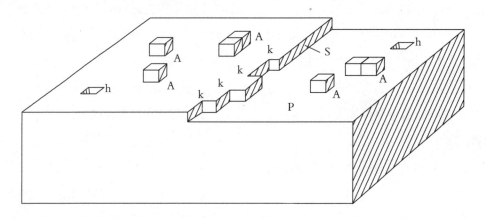

P.平坦面　S.台阶　k.曲折面　A.吸附分子　h.孔

△ 图2-1　晶体生长过程中表面状态图解

如果晶体还要继续生长，就必须在这一平坦面上先生长一个质点，由此来提供最佳生长位置。这个先生长在平坦面上的质点就相当于一个二维核，形成这个二维核需要较大的过饱和度，但许多晶体在过饱和度很低的条件下也能生长。为了解决这一理论模型与实验的差异，弗兰克（Frank）于1949年提出了螺旋位错生长机制。

2. 螺旋位错生长理论

在晶体生长界面上，螺旋位错露头点所出现的凹角及其延伸所形成的二面凹角可以作为晶体生长的台阶源，促进光滑界面上的生长。这样就解释了晶体在很低的过饱和度下能够生长的实际现象。印度结晶学家弗尔麻（Verma）1951年对SiC晶体表面上的生长螺旋纹及其他大量螺旋纹的观察，证实了这个模型在晶体生长中的重要作用。

位错的出现，在晶体的界面上提供了一个永不消失的台阶源。随着生长的进行，台阶将会以位错处为中心呈螺旋状分布，螺旋式的台阶并不会随着原子面网一层层生长而消失，从而使螺旋生长持续下去。螺旋状生长与层状生长不同的是台阶并不直线式地等速前进扫过晶面，而是围绕着螺旋位错的轴线螺旋状前进（图2-2）。随着晶体的不断长大，最终表现在晶面上形成能提供生长条件信息的各种样式的螺旋纹。

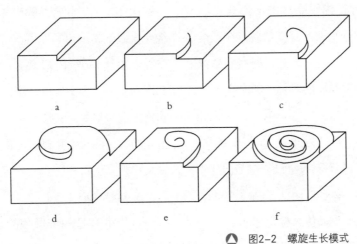

▲ 图2-2　螺旋生长模式

宝石晶体的形态

一、晶体对称的概念

晶体中的原子、离子或分子在宝石晶体生长过程中作有规律的排列，形成在三维空间呈周期性重复排列的几何点（即结点）。这些几何点连接成无限的立体几何图形，称为空间格子。晶体的对称就取决于它内在的格子构造。所谓对称即是晶体相同的晶面、晶棱和角顶作有规律的重复。

二、晶体对称的特点

晶体的对称具有3个特点：

微观对称：由于晶体内部都具有格子构造，而格子构造本身就是质点在三维空间周期重复的体现。因此，所有的晶体都具有晶体内部结构的对称，即微观的对称。

晶体的对称受格子构造性质的限制：也就是说只有符合格子构造特征的对称才能在晶体上体现。因此，晶体的对称是有限的，它遵循晶体对称定律。

晶体的对称不仅体现在内部结构和几何外形上，同时也体现在物理性质（如光学、力学、热学、电学性质等）上，也就是说晶体的对称不仅包含着几何意义，也包含着物理意义。

三、晶体对称的三个要素

1. 对称面（P）

对称面是一个假想的平面，相应的对称操作为对于此平面的反映。它将图形平分为互为镜像的两个相等部分。

2. 对称轴（Ln）

对称轴是一根假想的直线，相应的对称操作是围绕此直线的旋转。当图形围绕此直线旋转一定角度后，可使相等部分重复。旋转180°使相等部分重复的称为二次对称轴；旋转120°使相等部分重复的称为三次对称轴；旋转90°使相等部分重复的称为四次对称轴。三次和四次对称轴又称为高次对称轴。

3. 对称中心（C）

对称中心是一个假想的点，相应的对称操作是对此点的反伸（或称倒反）。

如果通过此点做任意直线，则在此直线上距对称中心等距离的两端，必定可以找到对应点。

四、晶族与晶系

根据是否有高次轴以及有一个或多个高次轴，把32个对称型归纳为低、中、高级3个晶族：①高级晶族：有多个高次对称轴。②中级晶族：只有一个高次对称轴。③低级晶族：没有高次对称轴。

在各晶族中，再根据对称特点划分出7个晶系（图2-3）：

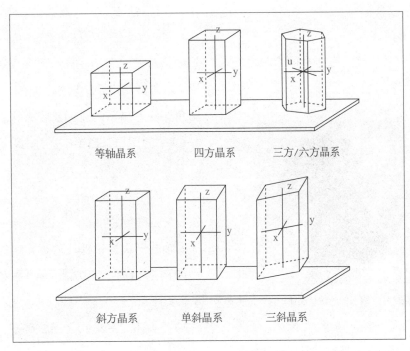

▲ 图2-3　七大晶系的理论模型

1.高级晶族

只有等轴晶系属于高级晶族。

等轴晶系（有四个三次轴）：等轴晶系的三个轴长度一样，且相互垂直，对称性最强。这个晶系的晶体通俗地说就是方块状、几何球状，从不同的角度看高低宽窄差不多。如正方体、八面体、四面体、菱形十二面体等，它们的相对晶面和相邻晶面都相似，这种晶体的横截面和竖截面一样。此晶系的矿物有黄铁矿、萤石、闪锌矿、石榴石（图2-4）、方铅矿等，主要宝石包括钻石、石榴石、尖晶石

△ 图2-4 石榴石晶体

△ 图2-5 尖晶石晶体

轴（x轴、y轴）长度一样，但z轴的长度可长可短。通俗地说，四方晶系的晶体大都是四棱的柱状体（晶体横截面为正方形，但有时四个角会发育成小柱面，称复四方），有的是长柱体，有的是短柱体。再者，四方晶系的四个柱面是对称的，即相邻和相对的柱面都一样，但和顶端不对称（不同形）；所有主晶面交角都是90°交角。四方晶系常见的矿物有锡石（图2-6）、鱼眼石、白钨矿、符山石、钼铅矿等。

（图2-5）、萤石等。

2. 中级晶族

属于中级晶族的有包括四方晶系、三方晶系和六方晶系。

△ 图2-6 锡石的长柱状晶体

四方晶系（有一个四次轴）：四方晶系的三个晶轴相互垂直，其中两个水平

三方晶系（有一个三次轴）：在晶体外形或宏观物性中能呈现出具有唯一高次三重轴或三重反轴特征对称元素的晶体归属于三方晶系。三方晶系常见的矿物有α石英（图2-7）、方解石、电气石（图2-8）、刚玉（图2-9）、赤铁矿等。

六方晶系（有一个六次轴）：在唯

△ 图2-7 α石英晶体

△ 图2-8 电气石晶体

△ 图2-9 刚玉晶体

一具有高次轴的c轴主轴方向存在六重轴或六重反轴特征对称元素的晶体归属六方晶系，亦称六角星系，属于中级晶族。六方晶系常见的矿物有高温β石英（又叫无腰水晶）（图2-10）、绿柱石、磷灰石等。

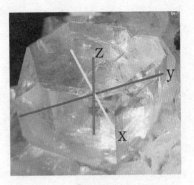

图2-11　黄玉晶体

三斜晶系（无对称轴和对称面）：三根晶轴的交角都不是90°直角，它们所指向的三对晶面全是钝角和锐角构成的平行四边形（菱形），相互间没有垂直交角。作个形象比喻：把一个砖头形的长方块朝着一个角的方向斜推压，形成一个全是菱形面的立方体，这就是三斜晶系的模型。代表矿物包括蓝晶石和钼酸银等。

图2-10　β石英晶体

3. 低级晶族

属于低级晶族的有斜方晶系、三斜晶系和单斜晶系。

斜方晶系（二次轴或对称面多于一个）：斜方晶系的晶体中，三个轴的长度完全不相等，它们的交角仍然是互为90°垂直。与正方晶系最主要的区别即是x轴、y轴长短不一样。斜方晶系晶体两个轴（如x轴、y轴）构成的平面即通常说的晶体横截面是长方形，也可以是菱形，或者两者的复合形。常见的宝石有黄玉（图2-11）、橄榄石、金绿宝石等。

单斜晶系（二次轴和对称面各不多于一个）：单斜晶系晶体的三个晶轴长短皆不一样，z轴和y轴相互垂直90°，x轴与y轴垂直，但与z轴不垂直（x轴与z轴的夹角是β，$\beta > 90°$）。作一个形象的比喻：把斜方晶系模型顺着z轴方向推压一下，使前后的晶面上、下错位，这就是单斜晶系的模型。常见的单斜晶系矿物有石膏、蓝铜矿、雄黄雌黄、黑钨矿、锂辉石、正长石等。

Part 3 宝石的形成

宝石矿床是如何形成的呢？宝石作为地质作用的产物，其形成条件非常复杂。这些复杂的地质作用按性质和能量来源可分为内生成矿作用、外生成矿作用和变质成矿作用。内生成矿作用与岩浆活动、地热、地压有关；外生成矿作用指由太阳能、水、大气和生物所产生的作用；变质成矿作用是指由于温度和压力发生了改变，岩石在矿物组分、结构构造上发生改变的作用。

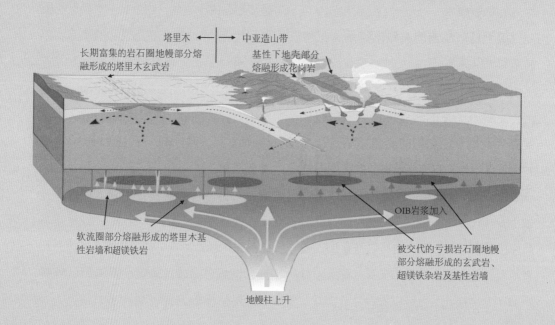

塔里木 ←→ 中亚造山带

长期富集的岩石圈地幔部分熔融形成的塔里木玄武岩

基性下地壳部分熔融形成花岗岩

OIB岩浆加入

软流圈部分熔融形成的塔里木基性岩墙和超镁铁岩

被交代的亏损岩石圈地幔部分熔融形成的玄武岩、超镁铁杂岩及基性岩墙

地幔柱上升

形成宝石矿床的地质作用

宝石矿床是由各种地质作用形成的，不同的地质作用形成不同的矿床类型。地质成矿作用按其性质和能量来源可分为内生成矿作用、外生成矿作用和变质成矿作用。

一、内生成矿作用

内生成矿作用的能源来自地球内部，主要有与岩浆活动有关的岩浆作用和与地热、地压（地重力）有关的变质作用。按照物理化学条件的不同划分为：岩浆成矿作用、伟晶成矿作用、按触交代成矿作用和热液成矿作用。

1. 岩浆熔离/分异成矿作用

是指在地壳深处的高温（650℃～1 000℃）高压下，有用矿物从岩浆直接结晶的作用。它是岩浆冷却结晶的最初阶段，所形成的有用矿物及其结晶顺序、富集条件依据不同的岩浆类型而变化。

2. 伟晶成矿作用

其温度在400℃～700℃，形成深度3～8 km。一般分为岩浆伟晶成矿作用和变质伟晶成矿作用两类。

（1）岩浆伟晶成矿作用是在岩浆作用的晚期，由于熔体中富含挥发分组分，在外压大于内压的封闭条件下缓慢结晶，形成晶体粗大的矿物。最有工业价值的为花岗伟晶岩。主要矿物为长石、石英、云母和稀有及放射性元素。形成的宝石有绿柱石、电气石、黄玉、水晶等。

（2）变质伟晶岩与变质作用有关，是混合岩化晚期阶段伟晶岩化作用的产物。但工业价值不大。

3. 接触交代成矿作用

接触交代成矿作用主要发生在中酸性岩浆岩同碳酸盐类岩石的接触带。在岩浆成因的热液作用下，岩浆岩体与碳酸盐类岩石之间发生化学成分的交换，在接触带上，形成了各种Mg、Ca、Fe的硅酸盐矿物，形成镁质或者钙岩矽卡岩。在结晶条件有利时，能形成晶体粗大的矿物，成为宝石原料。

（1）镁矽卡岩：岩浆侵入白云岩或白云质灰岩形成，主要宝石矿物有镁橄榄石、尖晶石、透辉石、镁铝榴石等。

（2）钙矽卡岩：岩浆以石灰岩为主围岩形成，主要宝石矿物有钙铝榴石、钙铁榴石、透辉石、方柱石、符山石等。

4. 热液成矿作用

——地学知识窗——

热液

什么是热液？热液又称汽水热液，是地质作用中以水为主体，含有多种具有强烈化学活性的挥发分的高温热气溶液。在不同的地质背景条件下，可形成不同组成、不同来源的热液。

热液有多种来源：有岩浆期后热液、火山热液作用、变质热液及地下水热液。与宝石矿床关系密切的为岩浆期后热液。岩浆期后热液是指在岩浆结晶作用过程中，其内部逐渐积聚了以水为主的含矿的挥发物质，并按温度的高低划分为：

（1）高温成矿热液：$300℃\sim500℃$，形成的主要宝石种类有石英、黄玉、电气石、绿柱石。

（2）中温成矿热液：$200℃\sim300℃$，形成的主要宝石种类有石英、玛瑙。

（3）低温成矿热液：$50℃\sim200℃$，形成的主要宝石种类有石英、蛋白石、祖母绿。

5. 火山成矿作用

地壳深部的岩浆沿地壳脆弱带上升至地表或直接溢出地表，甚至喷向空中，这种作用称为火山作用。主要宝石矿物有火山玻璃、黑耀岩、部分欧泊和红色绿柱石等。

二、外生成矿作用

也称为表生作用，是由太阳能、水、大气和生物所产生的作用，包括风化作用和沉积作用。

1. 风化成矿作用

风化成矿作用是指原生矿物经风化后发生分解和破坏，形成在新的条件下稳定的矿物和岩石。包括物理风化、化学风化和生物风化。硫化物、碳酸盐最易风化，硅酸盐、氧化物较稳定，金刚石是最稳定的矿物。

与风化成矿作用有关的宝石种类有有欧泊、绿松石、孔雀石、绿玉髓、

2. 沉积成矿作用

（1）机械沉积：当风化产物被水流冲刷和再沉积时，物理和化学性质稳定、

相对密度大的矿物就形成机械沉积和富集，形成的宝石矿床有钻石砂矿、蓝宝石砂矿、红宝石砂矿、水晶砂矿等，几乎所有种类的宝石都可能形成砂矿。

（2）化学沉积：溶液直接结晶的沉积作用。多系在干旱炎热气候条件下，在干涸的内陆湖泊、半封闭的潟湖及海湾中，各种盐类溶液因过饱和而结晶。如石膏、硬石膏、石盐等。漂亮的晶体可用作观赏石。

（3）生物沉积：为生物有机体作用的结果。常由生物的骨骼和遗骸堆积而成。

三、变质成矿作用

地壳中已经形成的岩石和矿石，由于地壳构造运动和岩浆、热液活动的影响，温度和压力发生改变，使其在矿物组分、结构构造上发生改变的作用，称为变质作用。这种作用是在固体状态下发生的。

1. 接触热变质成矿作用

由于岩浆侵入使围岩受到热的影响而引起的变质作用，例如碳酸盐质岩石（包括石灰岩、泥灰岩、白云岩）受热后发生重结晶作用，不仅方解石的晶体增大，还形成尖晶石、红宝石等宝石矿物，形成宝石矿床。

2. 区域变质成矿作用

区域变质成矿作用是伴随区域构造运动而发生的大面积的变质作用。造成区域变质作用的主要影响因素有温度、压力和以H_2O、CO_2为主要活动性组分的流体，它们使原岩矿物重结晶，并常常伴有一定程度的交代作用，形成新矿物。与宝石有关的成矿作用有：

（1）低级区域变质成矿作用：形成含OH的硅酸盐矿物，如蛇纹石、透闪石等，有蛇纹石玉矿床。

（2）中级区域变质成矿作用：形成斜长石、石英、堇青石、透辉石等，有铬透辉石、堇青石等宝石矿床。

（3）高级区域变质成矿作用：形成不含OH的矿物，如石榴石、矽线石、刚玉和尖晶石等，有石榴石、红宝石、蓝宝石等宝石矿床。

宝石矿床类型

不同地质成矿作用形成了不同特征的宝石矿床，包括内生宝石矿床、外生宝石矿床和变质宝石矿床三大类。

一、内生宝石矿床

内生宝石矿床的能源来自地球内部，它的形成主要与岩浆活动有关，是在地球不同深度的压力和温度作用下完成的。按照其物理、化学条件的不同，可分为岩浆成矿作用、伟晶成矿作用、热液成矿作用和变质成矿作用等，形成的矿床类型包括岩浆岩型、伟晶岩型、热液型和变质岩型。

1. 岩浆岩型矿床

指岩浆结晶与分异作用过程中成矿物质聚集而形成的矿床，不同的岩浆岩常产生不同的岩浆矿床。如与金伯利岩有关的金刚石（钻石）矿床，与玄武岩有关的橄榄石、蓝宝石矿床等。

2. 伟晶岩型矿床

具有经济价值的伟晶岩主要为花岗伟晶岩，少数为碱性伟晶岩。花岗伟晶岩主要由长石、石英和云母组成，矿物颗粒粗大，晶形完好。除经常富集含稀有、稀土元素的矿物外，也有许多其他宝石矿物，是许多宝石的重要来源。如水晶、海蓝宝石、托帕石、碧玺、磷灰石等。

——地学知识窗——

伟晶岩

伟晶岩因其经常含有巨粒或大粒晶体而得名，是指与一定的岩浆侵入体在成因上有密切联系、在矿物成分上相同或相似、由特别粗大的晶体所组成并常具有一定内部构造特征的规则或不规则的脉状体。

---

3. 热液型矿床

由各种来源的含矿热溶液（岩浆水、变质水、受热的地下水）所形成的矿床。当热液在岩石裂隙、孔隙中流动时，由于温度、压力的变化及与围岩的相互作用，使某些矿物质得以富集成矿。按成矿温度，可将热液矿床划分为高温热液矿床（300℃～500℃）、中温热液矿床（200℃～300℃）和低温热液矿床（50℃～200℃）。与热液成矿有关的有多种金属、非金属和宝石矿产，如哥伦比亚祖母绿矿床就是典型的低温热液矿床。

二、外生宝石矿床

由于太阳、水、空气和生物作用、风化作用及沉积作用，形成的风化—淋滤型、砂矿型、生物成因等矿床。

1. 风化—淋滤型矿床

岩石或金属矿床（常为铜矿）在地表经各种风化作用而形成的矿床。按形成作用和地质特点，可进一步划分为残积—坡积砂矿、残余矿床和淋积矿床。如欧泊、绿松石、孔雀石等都属于淋滤矿床。

2. 砂矿型矿床

在风化侵蚀作用下从含矿岩石或矿石中分离出的重矿物经水动力搬运、分选后富集而成的矿床。砂矿按成因和堆积地貌条件可分为残积砂矿、坡积砂矿、洪积砂矿、冲积砂矿、海滩砂矿以及风积砂矿、冰积砂矿等。按所含有用矿物可分为金刚石（钻石）砂矿、红宝石砂矿、蓝宝石砂矿、砂锡矿等。按形成时代可划分为现代砂矿和古代砂矿。现代砂矿是第四纪以来形成的，为松散堆积物，不需破碎，便于开采；古代砂矿是第三纪及以前形成的，已成岩固结，有的还经受了变质作用，开采难度较大。许多宝石矿产与砂矿有关，如钻石、红宝石、蓝宝石、水晶、翡翠、尖晶石等。

3. 生物成因矿床

通过生物生命活动而形成的物质。常见有珊瑚、琥珀、硅化木和煤精等。

三、变质宝石矿床

地壳中已经形成的岩石和矿石，由于地壳构造运动和岩浆、热液活动的影响，温度和压力发生改变，使其在矿物组分、结构构造上发生改变，这种作用是在固体状态下发生的，包括接触变质作用、接触交代变质作用和区域变质作用，这类矿床统称变质矿床。

接触交代变质作用常形成的宝石矿床有石榴子石、尖晶石、水晶、紫晶、青金岩、蓝宝石、软玉、蔷薇辉石等。区域变质作用常形成岫玉、软玉等玉石矿床以及石榴石、红宝石、蓝宝石、透辉石、坦桑石等单晶体宝石矿床。

宝石矿床的分布

宝石矿产资源几乎遍布全球，各大洲均有产出。但大型优质宝石矿床主要分布在如斯里兰卡、缅甸、泰国、柬埔寨、印度、澳大利亚、巴基斯坦、阿富汗、南部非洲、马达加斯加、巴西、哥伦比亚、俄罗斯、加拿大等国，占世界宝石资源分布总量的95%以上。各个国家的主要宝石品种见表3-1。

表3-1　　　　　　　　世界上主要宝石的产地分布

国家	宝石品种
巴西	金刚石产量居世界第七位；海蓝宝石产量占世界产量的70%；黄玉产量占世界产量的95%，天然彩色黄玉主要生产国；彩色电气石产量占世界产量的50%~70%；祖母绿、猫眼、紫晶的主要生产国；此外，大量产出优质芙蓉石、玛瑙
缅甸	世界优质翡翠、红宝石、蓝宝石主要供应国；盛产尖晶石、镁铝榴石、星光辉石、月光石、锆石、电气石、橄榄石
斯里兰卡	优质蓝宝石、红宝石、猫眼、星光蓝宝石、星光红宝石、月光石主要供应国；还生产镁铝榴石、紫晶、尖晶石、葡萄酒黄色黄玉、电气石、锆石等
印度	盛产金刚石、蓝宝石、董青石、绿柱石、琥珀、金绿宝石、红宝石、石榴石、紫晶、橄榄石、尖晶石、电气石、黄玉、矽线石猫眼等
泰国	世界主要宝石交易大国，盛产蓝宝石、红宝石、尖晶石等
马达加斯加	盛产紫晶、海蓝宝石、祖母绿、蓝宝石、变彩拉长石、红色电气石、粉色电气石、绿色电气石、黄水晶、董青石、赛黄晶、磷灰石等
澳大利亚	世界金刚石、欧泊、蓝宝石的最大生产国
南非	世界金刚石、紫晶、祖母绿的主要供应国
越南	盛产红宝石、蓝宝石、粉红及紫色尖晶石、电气石、金绿宝石等

（续表）

国家	宝石品种
中国	世界优质橄榄石、软玉、蓝宝石、蛇纹石玉、珍珠供应大国；此外，还产海蓝宝石、电气石、石榴石、方柱石、绿松石、玛瑙等
加拿大	世界金刚石第三生产大国，软玉的主要供应国
哥伦比亚	世界祖母绿的主要供应国
俄罗斯	金刚石产量居世界第四位；有色宝石资源丰富，有祖母绿、蓝宝石、变彩拉长石、石榴石、绿柱石、尖晶石、软玉、变石、紫硅碱钙石（查罗石）等
美国	世界红色电气石主要供应国；此外，还产绿柱石、石榴石、菱镁矿、绿松石等
阿富汗	世界青金石主要供应国，还产红宝石、蓝宝石、祖母绿等

一、亚洲宝石资源分布

亚洲是世界上优质宝石的重要产地。主要宝石产出国有中国、斯里兰卡、缅甸、泰国、柬埔寨、越南、印度、阿富汗、伊朗以及巴基斯坦等。

亚洲宝石种类极为丰富，东自我国沿海诸岛起，西经印度、巴基斯坦北部，到尼泊尔和中国云南、西藏、新疆以及阿富汗至伊朗东北部，呈带状展布。与阿尔卑斯的喜马拉雅构造带一起成为世界上一个重要宝石聚集带。

斯里兰卡：出产红宝石（星光红宝石）、蓝宝石（星光蓝宝石）、金绿宝石（猫眼石）、变石、祖母绿、海蓝宝石、碧玺、锆石、尖晶石、水晶、磷灰石、堇青石、透辉石猫眼、黄玉、橄榄石、月光石等60多个宝石品种（图3-1）。

月光石

蓝宝石

金绿宝石猫眼

▲ 图3-1 斯里兰卡宝石

缅甸：出产红宝石、翡翠、蓝宝石、尖晶石、橄榄石、锆石、月光石、水晶。缅甸的抹谷地区产有世界上最好的鸽血红红宝石；北部乌龙江流域产占世界90%以上的翡翠。

泰国、柬埔寨和越南：盛产红宝石、蓝宝石、锆石、石榴石等。

印度：出产钻石、红宝石、蓝宝石（克什米尔）、祖母绿、海蓝宝石、石英质宝玉石、石榴石等。印度是世界上最早出产钻石的国家（砂矿）。印度克什米尔的苏姆扎姆是世界上第一流蓝宝石的产地；拉贾斯坦邦出产祖母绿；石榴石、鱼眼石也是印度著名的宝石品种。

阿富汗：盛产红宝石、海蓝宝石、碧玺、尖晶石、青金岩等。哲格达列克地区出产红宝石；萨富汗萨雷散格产青金岩，其产量占世界之首；库希拉尔出产尖晶石。

伊朗：盛产绿松石。尼沙普尔有世界著名的大型的优质绿松石砂矿产出。

巴基斯坦：盛产红宝石、祖母绿、海蓝宝石、石榴石、尖晶石、托帕石等。白沙瓦东北附近的斯瓦特出产祖母绿；红宝石的颗粒虽然较小，但质量较好。

中国宝石矿产资源有100多个品种，现有宝石矿点200多处，几乎遍布全国，主要宝石品种有钻石、蓝宝石、红宝石、锆石、石榴石、海蓝宝石、碧玺、橄榄石、托帕石等，但祖母绿、金绿宝石等较名贵的宝石品种尚未发现有利用价值的矿床。

二、非洲宝石资源分布

非洲被誉为地球上最丰富的宝石仓库，主要宝石出产国有南非、津巴布韦、博茨瓦纳、坦桑尼亚、赞比亚、马达加斯加、埃及等。

非洲产出的主要宝石品种包括钻石、红宝石、祖母绿、钙铝榴石、橄榄石等。其中以钻石居世界领先地位，据称世界最大的钻石（重3 106.75 Ct）即发现于南非。津巴布韦桑达瓦纳地区以盛产祖母绿和紫晶而闻名于世；博茨瓦纳主要产钻石、玛瑙等；坦桑尼亚与肯尼亚的交界地区产有蓝宝石、红宝石和坦桑石；赞比亚主要产出祖母绿、孔雀石、紫晶等；马达加斯加是许多中高档宝石的产出国，包括碧玺、红宝石、蓝宝石等；埃及是优质绿松石和橄榄石的重要产地。

非洲宝石矿床分布在东部地区。南起南非，经津巴布韦、马达加斯加、赞比亚、坦桑尼亚、肯尼亚，北至埃及，大多处于南非—东非地质和东非大裂谷地区，主要为区域变质岩和花岗伟晶岩。

三、大洋洲宝石资源分布

大洋洲的主要宝石产出国是澳大利亚，盛产欧泊、蓝宝石、钻石、祖母绿、珍珠、绿玉髓、软玉等。澳大利亚是欧泊的王国，世界上95%的欧泊产自澳大利亚，主要产地有南澳安达姆卡、库泊皮迪和明塔比至新南威尔士的白崖、闪电岭一带；昆士兰州的安纳基及新南威尔士的因弗雷尔—格冷伊尼斯地区产蓝宝石，其产量占世界总产量的60%；中部的阿利斯泼林（Harts Range）发现了大型的红宝石矿床，是世界主要红宝石矿床之一；西澳大利亚阿盖尔的大型钻石矿床，其钻石产量居世界首位；另外，澳大利亚还盛产绿玉髓、祖母绿、软玉和珍珠等。

四、美洲宝石资源分布

美洲宝石集中在美洲西部科迪勒拉构造带—安第斯山脉一带，主要产出国家有加拿大、美国、墨西哥、哥伦比亚、巴西。

加拿大主要产有紫晶、玛瑙、石榴石、软玉、彩色拉长石、钻石等，西部不列颠哥伦比亚省是世界上重要的软玉产地，近来在加拿大西北地区（Northwest Territories）发现了含钻石的金伯利岩岩筒，此外，在其他地区如魁北克（Quckbec）、安大略（Ontario）、

萨斯喀彻温（Saskatchewan）、艾伯塔（Alberta）、不列颠哥伦比亚（British Columbia）和纽纳务特（Nunavut）也发现有含钻石的金伯利岩岩筒。但具有经济价值的矿床多分布在Lal de Gras，其中最重要的是Ekati矿。美国其西部加利福尼亚州主要产出软玉、碧玺（图3-2），新墨西哥州产出世界最大的绿松石矿。墨西哥则是世界上火欧泊的著名产地。哥伦比亚的祖母绿闻名于世，穆佐（Muzo）和契沃尔（Chivor）是世界著名的优质祖母绿供应地，又是世界上罕见的热液祖母绿矿床的产地。巴西也被誉为宝石王国，其米拉斯吉拉斯是世界著名的宝石伟晶岩，集中了世界上70%的海蓝宝石，95%的托帕石（最好的玫瑰色和蓝色托帕石），50%～70%的彩色碧玺，80%的水晶类，

同时又是绿柱石和金绿宝石的主要产地，巴西也是继印度之后的著名的钻石砂矿出产国。

五、欧洲宝石资源分布

欧洲的宝石资源主要集中在西伯利亚和乌拉尔山一带。有3个宝石、玉石成矿区，其中著名的有东西伯利亚和帕米尔的青金岩、东西伯利亚的软玉、哈萨克斯坦的翡翠、中亚的绿松石、乌拉尔的祖母绿、翠榴石、变石等，在雅库特和西西伯利亚地区产有钻石。波罗的海沿岸（挪威、芬兰、波兰）、罗马尼亚盛产琥珀。贝加尔湖地区是世界紫硅碱钙石的唯一产地。

　　钻石是所有物质中质地最坚硬的宝石，它象征不屈信念、纯粹无垢之魂及坚定之爱；红宝石是宝石之女王，象征火热的爱情，能使佩戴的人热情激昂，增加美艳优雅的气质；深蓝清澈的蓝宝石是贞节之爱的保证；祖母绿是增强人类灵力的宝石，能带来财富、健康及智慧；神秘的猫眼石则是好运的象征。

宝石之王——钻石

一、钻石的概念

钻石的矿物名称为金刚石，英文名称是"Diamond"，来源于希腊语"Adamant"，意为坚硬无比或难以征服。大约16世纪中期开始使用英文名称并延续至今。钻石是目前已知天然矿物中硬度最高者，其象征坚韧、永恒、纯净，被视为坚贞不渝的婚姻盟约，是4月份的生辰石。

——地学知识窗——

生辰石

生辰石（诞生石）：远古时代，人们相信宝石具有某种魔力，对人的生死病痛、灾祸幸福、友谊爱情都有控制作用，视之为吉祥物。文艺复兴时期出现了诞生石或生辰石的说法。1912年，美国宝石界统一了这些说法并逐渐为世界各国所认可。见表4-1。

表4-1　　　　　　　　　　　天然宝玉石的象征意义

月份	天然宝玉石	象征意义	月份	天然宝玉石	象征意义
1月	石榴子石	贞洁、真诚、友爱、真实	7月	红宝石	热情、仁爱、尊严
2月	紫晶	诚实、平和	8月	橄榄石	夫妻幸福、和谐
3月	海蓝宝石	沉着、勇敢、智慧	9月	蓝宝石	慈爱、诚实、德望
4月	钻石	坚韧、永恒、纯净	10月	碧玺	欢喜、安乐、去祸得福
5月	祖母绿	幸运、幸福	11月	托帕石	友情、友爱、希望、洁白
6月	珍珠、月光石	健康、长寿、富有	12月	锆石、绿松石、坦桑石	胜利、好运、成功

钻石是以天然金刚石为原料，经人工切割、加工、琢磨而形成的各种款式的装饰品、珍藏品或陈列品。

人类对天然金刚石的认识和开发具有悠久的历史，大约距今3000年前，在古印度哥达维列河和奎得奈河之间的戈尔康达地区，已经开始采掘冲积层中的金刚石砂矿。由于金刚石的硬度大，很难琢磨，所以，将其加工后作为装饰品的历史较红宝石、蓝宝石、祖母绿晚。大约1477年，人们开始用没有经过琢磨或仅琢磨几个刻面的钻石来作为结婚的信物。1588～1603年英国女王戴的戒指，也只是一枚磨平了一个角的八面体金刚石，但这只能称之为钻石的雏形。

历史上钻石的昌盛时期是1604～1689年，当时一位名叫塔沃尼（Tavernier）的法国人曾六次往返于印度与欧洲的各王室之间，从事大量的钻石生意，推动了钻石的应用和行业发展。

1909年，波兰人塔克瓦斯基（Tolkowasky）根据金刚石的折光率，按照全反射原理，设计出最佳反射效果的58个刻面的标准钻石型，从此，金刚石即可加工成闪光灿烂的钻石，使钻石成为宝石的骄子。

二、钻石的特性

1. 化学性质

理论上的金刚石是由单质碳（C）组成的，矿物学上将其归于自然元素大类。由于金刚石化学成分为碳，所以会在高温下燃烧生成二氧化碳。试验证明，金刚石在大气中燃烧的温度为850℃～1 000℃，在纯氧中的燃烧温度为720℃～800℃。燃烧时，金刚石发出蓝色的光，表面出现雾状的膜，后逐渐变小。在缺氧的情况下，加热到2 000℃～3 000℃时会变成石墨。无色的金刚石晶体燃烧后几乎不产生灰烬，其主要元素碳均变成二氧化碳气体。金刚石对所有的酸都是稳定的，不溶于氢氟酸、盐酸、硫酸、硝酸和王水，受强碱、强氧化剂长时间作用会有轻微的腐蚀。

2. 密度

金刚石的密度为3.54 g/cm³，若含杂质或裂隙可能降低至3.2 g/cm³，它的密度比一般的沙子（**石英、长石**密度为2.6～2.7 g/cm³）的密度大，因此，先人在淘金时会淘出金刚石。在沙矿中采金刚石也是用淘洗法将其从沙中分离出来。在金刚石原生矿选矿中也有重力选矿的流程。

3. 硬度

钻石是目前地球上所发现的物质中

——地学知识窗——

矿物解理的发育程度

矿物学上，矿物解理的发育程度分为极完全解理、完全解理、中等解理、不完全解理、极不完全解理（无解理）五个等级。

硬度最高的一种，在摩氏硬度表中它居于最高10度。

4. 解理

解理面一般平行于晶体格架中质点最紧密、联结力最强的面。因为垂直这种面的联结力较弱，晶体易于平行此面破裂。解理是反映晶体构造的重要特征之一。

不同的晶质矿物，解理的数目、解理的完善程度和解理的夹角都不同。利用这一特性，可以区别不同的矿物。

金刚石具有平行于八面体晶面的四组中等解理，因此称八面体解理。这是金刚石的唯一缺点，所以说金刚石"不怕磨，就怕打（击）"。但解理也是金刚石的一个优点，加工人员可以借此将其劈开，以便于进一步地加工。

5. 折射率

金刚石的折射率为2.417，在透明矿物中最高，水的折射率为1.33，水晶的折射率为1.55，玻璃按成分不同为1.5～1.9。折射率越高，意味着光线在介质中传播的速度越慢，受到的阻力越大，因此反射光的能力越强。

6. 光泽

金刚石属金刚光泽，为透明矿物中光泽最强的。正是由于它光泽强的特性，才使得钻石光亮夺目。从以下几个例子可以了解折射率与光泽的关系：钻石（2.417），锆石（1.98），皆属金刚光泽；蓝宝石（1.77），水晶（1.55），皆属玻璃光泽。因此有人拿锆石冒充钻石。

7. 光性均质体

光线进入宝石晶体，有的可分解为振动方向相互垂直的两条折射光（偏振光），两者有不同的传播方向和速度，称双折射。此等宝石被称之为光性非均质体。若光线进入宝石晶体，只有唯一的一条折射线，并且各方向的折射率相等，称光性均质体，如钻石。此种现象对鉴定钻石极为有用。均质体反映背面影像为单影，非均质体为双影（图4-1）。

8. 全反射

光由光密质、光疏质传播，当折射

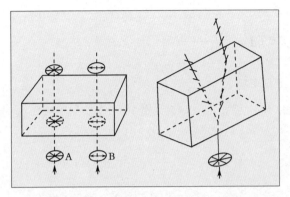

▲ 图4-1　自然光射入均质体和非均质体的反应

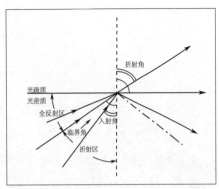

▲ 图4-2　全反射和临界角

角等于90°时，入射角就是光疏质的临界角。如果入射角稍大于临界角，入射光就全部返回原来的密介质中，这种现象称之为全反射（图4-2）。

光线进入宝石后，当投向另一界面时，不再穿过界面，而是全部反射回原介质（空气）中，这种现象称之为宝石的全反射。当钻石产生全反射时，人们看到钻石内部好像有无数个镜面反光，亮光闪闪。根据上述定义得知，宝石的临界角越小，越容易产生全反射。与其他透明宝石相比，钻石的临界角最小。钻石的临界角为24°25′，而蓝宝石为34°35′，水晶为40°22′，因此钻石最容易产生全反射效果。但是否能达到最佳的全反射效果，还要看钻石加工琢磨的水平。

9. 色散

色散是白光经折射后，分解成不同波长色光的现象（图4-3、图4-4）。

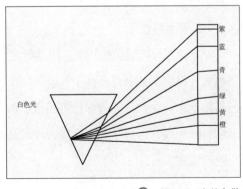

▲ 图4-3　光的色散

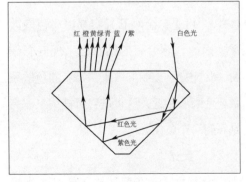

▲ 图4-4　宝石的色散

——地学知识窗——

色散现象

同一种宝石，对于不同的色光折射率是不同的。当七种色光组成的白光斜射于宝石时，不同的色光因为折射角不同而发生分离，将白光分解为七种色光称为宝石的色散现象。色散度通常用430.8 nm的紫光和686.7 nm的红光分别测同一个宝石的折光率，折光率之间的差值，就是该宝石的标准色散度。

各种磨好的宝石均具有色散性质，但色散的清楚程度取决于宝石本身的色散度及宝石的颜色，颜色深的宝石会掩盖本身的色散。

对宝石来讲，色散是一种十分可贵的光学性质。色散产生的色光，会增加宝石的内在美，尤其是无色宝石，色散会使其显得光彩夺目、华贵高雅。

宝石的色散度越高，色散程度越大，视觉效果越好。如金刚石为0.044，锆石为0.038，蓝宝石为0.018，水晶为0.010。可见，金刚石最容易产生色散效果，因此，琢磨好的钻石会呈现五彩缤纷、既光亮又美丽的效果。锆石的色散系数与金刚石相近，这也是它可被用来冒充钻石的一个条件。

10. 荧光

大多数钻石在紫外线下都有荧光显示，荧光的颜色有蓝、绿、黄、红等。一般来说，白、黄色钻石发蓝色荧光；褐色钻石发黄绿色荧光；黄、紫色钻石在常温下无荧光显示。

11. 石墨化

在研磨钻石时，经常会发现钻石表面有如雾状的疤痕，而且洗刷不掉，这是由钻石遇高温石墨化而成。一般而言，钻石在空气中690℃～875℃即产生石墨化，在真空中1 200℃～1 900℃即产生石墨化。

12. 表面特性

钻石表面具亲油疏水性。用油性的墨水可轻易地在钻石表面画上痕迹，相反不易粘上水，这种亲油疏水性可用来在加工钻石时画线，也可以利用这种特性对钻石进行鉴定。

三、钻石分级

钻石以最小的体积凝聚了最大的价值。为了使钻石的价值有一个比较精确的评估，便于市场交易，人们对钻石进行了分级。目前，全球钻石分级以4C标准为基础。这一钻石分级的标准适合于全球绝大多数钻石交易。

钻石的4C标准发明于1953年。4C是指钻石的克拉重量分级（Carat Weight）、颜色分级（Colour）、净度分级（Clarity）、切工分级（Cut）。因为这4个要素的英文首字母均为C，故称为4C分级。钻石4C标准的确立使得钻石的欣赏价值和货币价值得到体现和衡量。不过，以4C为标准的分级并不能代表所有钻石的价值，如彩色钻石和少见的大颗粒钻石，其价值无法用4C标准进行衡量。目前，在钻石评价和鉴定中，严格执行这一标准的是美国宝石学院（GIA），该学院出具的鉴定证书是世界钻石交易的标准。

1. 重量分级

钻石重量的国际计量单位是克拉，英文为Carat，通常缩写为Ct。1 Ct = 0.2 g。

将1 Ct分为100份，每一份称为1分。0.75 Ct又称为75分，0.01 Ct为1分。因为钻石的密度基本上相同，因此越重的钻石体积越大。越大的钻石越稀有，每克拉的价值就越高。

国际钻石市场上，钻石重量通常是保留小数点后两位的，第三位是逢九进一，而不是四舍五入。国内检测机构习惯保留三位，也就是说如果一粒钻石重量为0.599 Ct，国际证书上会标明0.60 Ct，而国内证书则为0.599 Ct。

——地学知识窗——

克拉来历

克拉作为重量单位，起源于欧洲地中海边的一种角豆树的种子（稻子豆），该树盛开淡红色的花朵，豆荚结褐色的果仁，长约15 cm，可用来制胶。角豆树有一个奇特的现象，无论长在何处，它所结的果仁，每一颗重量均一致。在历史上这种果实就被用来作为测定重量的砝码，久而久之便成了一种重量单位，用它来称贵重和细微的物质。直到1907年国际上商定把克拉作为宝石的计量单位，沿用至今。

虽然克拉是个很小的单位，但超过1 Ct的钻石并不很多，多数成品钻石都小于1 Ct。按照钻石界的习惯划分，0.05 Ct以下的为碎钻，0.05～0.22 Ct为小钻，0.23～1 Ct为中钻，1 Ct以上为大钻，10.8～50 Ct为特大钻，50 Ct以上为记名钻。

从首饰用途而言，钻石必须具备一定的体积和重量才能体现魅力无边的光学效果。小钻石由于体积过小，无法表现其足够好的明亮度，所以，常常采用群镶的工艺体现其集体效果。通常而言，30分以上的钻石才能够较好地体现钻石的明亮度。对钻石的火彩效果，钻石的重量需达到70分以上才能有较好的展现。所以，克拉重量是钻石赖以展示美丽光学效果的基础。

克拉重量是钻石价值的基础，是一个与钻石稀有性相关的物理性质。钻石越大越稀有，所以其价值越高，这是由钻石资源的短缺性、大颗粒钻石的稀少性及钻石加工的低出成率决定的。

克拉重量是确定钻石价格的基本尺度。钻石交易中通常以克拉计价，钻石的价格=钻石的克拉重量×钻石的克拉价格。国际钻石报价时常常把钻石划分为不同的重量级别（表4-2），这个分级是把6 Ct以下的钻石划分为不同的重量区间，每个区间为一个级别，共分成18个级别。

对于净度、颜色、切工质量相同的钻石来说，同一重量等级的钻石有相同的价格，但是分属不同克拉重量级别钻石的克拉价格往往差别甚远，特别处于克拉重量级别临界点的钻石价格相差明显，对于处于克拉钻临界点的钻石而言，价格差别

表4-2　　　　　　　　　　钻石的克拉重量分级

级别	质量区间（Ct）	级别	质量区间（Ct）	级别	质量区间（Ct）
1	0.01～0.03	7	0.30～0.37	13	1.00～1.49
2	0.04～0.07	8	0.38～0.45	14	1.50～1.99
3	0.08～0.14	9	0.46～0.49	15	2.00～2.99
4	0.15～0.17	10	0.50～0.69	16	3.00～3.99
5	0.18～0.22	11	0.70～0.89	17	4.00～4.99
6	0.23～0.29	12	0.90～0.99	18	5.00～5.99

更大。其他品质条件相同的情况下，通常0.38~0.45 Ct的钻石具有相同的克拉价格，0.46~0.49 Ct具有相同的克拉价格，但是，0.45 Ct和0.46 Ct的钻石价格相差悬殊。所以人们在购买钻石时，注重在某一区间内选择质量较大的钻石。

2. 颜色分级

钻石按颜色分为三大系列，即开普系列、褐色系列和彩色系列。开普系列包括无色、浅黄至黄色钻石；褐色系列包括不同强度的褐色钻石；彩色系列包括粉红、紫红、金黄、蓝色、绿色等钻石。

也有人将钻石颜色分为两大系列，即无色系列和有色系列。常见的无色系列包括无色、浅黄（包括浅褐色）；彩色系列包括深黄、灰色、粉红等。

无色钻石的色泽通常以美国宝石学院GIA建立的色泽分级为准，由D（透明无色，即从Diamond的第一个字母开始）至Z（黄色）。我国钻石国家标准（GB/T/16554-2010），按钻石颜色变化划分为12个连续的颜色级别，由高到低用英文字母D、E、F、G、H、I、J、K、L、M、N、<N代表不同的色级。美国宝石学院GIA建立的色泽分级标准见图4-5，中、美两种颜色等级对照见表4-3。

D E F	G H I J	K L M	N O P Q R S T U V W X Y Z
Colorless	Near Colorless	Faint Yellow	Very Light To Light Yellow
无色	接近无色	微黄色	浅黄色

▲ 图4-5 钻石颜色等级示意图

表4-3 钻石颜色等级对照

钻石颜色分级		相应比色石的参考特征
美国	中国	
D	100	D级：极白色以致略显水蓝色，透明
E	99	E级：纯白色、透明
F	98	F级：白色、透明
G	97	G级：亭部和腰棱侧面几乎不显黄色调

（续表）

钻石颜色分级		相应比色石的参考特征
美国	中国	
H	96	H级：亭部和腰棱侧面显似有似无黄色调
I	95	I级：亭部和腰棱侧面显极轻微的黄白色
J	94	J级：亭部和腰棱侧面显轻微黄白色，冠部显极轻微的黄白色
K	93	K级：亭部和腰棱侧面显很浅的黄白色，冠部轻微黄白色
L	92	L级：亭部和腰棱侧面显浅黄白色，冠部微黄白色
M	91	M级：亭部和腰棱侧面明显的浅黄白色，冠部浅黄白色
N	90	N级：任何角度观察钻石均带有明显的浅黄白色
<N	<90	

钻石越是透明无色，白色越是能穿透，经折射和色散后越是缤纷多彩。所以在无色钻石中，D级无色钻石最佳，是无色钻石系列的顶端级别。

彩钻是极为罕见的钻石，拥有一定的色彩（图4-6）。属于钻石中的珍品，价格昂贵，其中红钻最为名贵。

▲ 图4-6 彩色钻石

彩钻的大类为钻石的基本颜色，然后根据色彩程度分为淡彩、中彩、暗彩、浓彩、深彩、艳彩。其中，艳彩＞深彩＞浓彩＞暗彩＞中彩＞淡彩。

由于彩钻稀缺、价高，所以在区分有色钻石时，人们采用沾边就算的策略，因此有一些颜色非常淡的钻石，其颜色仅是微弱程度，往往就将其归于彩钻行列，这样就出现了极端细化的彩色系列。以蓝钻为例，可分出微蓝、很淡蓝、淡蓝、淡彩蓝、中彩蓝、浓彩蓝和艳彩蓝等7种。但这些分级只在商业上使用，并不是规范的分级标准。

3. 净度分级

钻石结晶于地球深处地幔岩浆之中，物理、化学环境极端复杂，成分多样，温度和压力极高，历经亿万年的地质变化，其内部和外部难免含有各种杂物或瑕疵，另外，在矿山采选过程中也往往会对原石造成损伤。所有这些，对钻石净度均构成不同程度的影响。

钻石的净度级别主要是根据钻石的内、外部特征来确定。影响钻石净度的内部特征包括包裹体、结构现象、裂隙和缺损；外部特征可能是保留了原始的某些表面特征，如原始晶面、体现在钻石表面的结构现象（如表面纹理），也可能是钻石加工后遗留的抛磨痕迹（如烧痕、抛光纹）等，还可能是钻石表面的磨损现象，如棱线磨损等，将其归纳起来，包括原石特征、结构现象、加工现象、表面磨损等。

（1）裸钻净度分级：钻石的净度观察，通常是使用10倍放大镜对钻石内部瑕疵、表面瑕疵及其对光彩影响程度对未镶嵌钻石的净度级别进行分级，按中国现行钻石分级标准（GB/T 16554-2010）分为LC、VVS、VS、SI、P 5个大级别，又细分为FL、IF、VVS1、VVS2、VS1、VS2、SI1、SI2、P1、P2、P3 11个小级别。已镶嵌钻石划分为极好、很好、好、较好、一般5个级别。P级钻又称为I级钻。实际应用中，P级钻以下一般不作为宝石用钻，所以一般只分到P级，不再分P1、P2、P3。

LC（无瑕级）：经验丰富的分级人员在标准光源下，用10倍放大镜观察，没有发现任何瑕疵特征。也就是说，该钻石不包含任何大于5 μm的且具有足够亮度的瑕疵特征。自然界中，无瑕级钻石极为稀有。

VVS1-VVS2（极微瑕级）：经验丰富的分级人员在标准光源下，用10倍放大镜能够发现很小很小的瑕疵特征。其难度为很难到极难。根据瑕疵特征的尺寸、位置、数量决定是VVS1还是VVS2。

VS1-VS2（瑕疵级）：经验丰富的分级人员用10倍放大镜能够发现很小的瑕疵特征。其难度为难到不太难。根据瑕疵特征的尺寸、位置、数量决定是VS1还是VS2。

SI1-SI2（小瑕级）：经验丰富的分级人员用10倍放大镜能够很容易地发现小的瑕疵特征。根据瑕疵特征的尺寸、位置、数量决定是SI1还是SI2。

P1（小花）：经验丰富的分级人员用肉眼从钻石的冠部（顶端）观察难以发现瑕疵特征。

P2（中花）：经验丰富的分级人员用肉眼容易发现大且多的瑕疵特征，轻微影响钻石的出火。

P3（大花）：经验丰富的分级人员用肉眼很容易发现大多的瑕疵特征，会较大影响钻石的出火。

（2）镶嵌钻石净度分级

①镶嵌钻石净度分级的条件与裸钻相似。要求有合适的照明光源，尤其需要借助光纤光源，10倍放大镜或10倍放大显微镜（更加适合镶嵌钻石的净度分级），仅是不需用镊子夹持钻石，镶托已起到夹持的作用。

②分级的步骤与裸钻相同。仅是观察的角度多限于冠部，难以详细检查腰围及亭部的净度特征。

4. 切工分级

切工（Cut），是指它对原石的切磨比率的精确性和修饰完工后的完美性。好的切工应尽可能地体现钻石的亮度、火彩和闪烁，并且尽量保持原石重量。

钻石的切工价值是4C标准中，唯一一个直接受人为控制的因素，也是4C分级中最复杂、争议最大的因素。其复杂性表现在评价涉及内容很广，包括钻石的各部分比例、对称性和抛光质量，故很难形成统一、公认的标准。

切工的基本形式包括：圆形、梨形、心形、祖母绿形、公主形、橄榄形、椭圆形。每一颗钻石都由三个基本部分组成：冠部、腰部、亭部。

冠部（crown）：冠部是钻石腰部以上的梯形部分。冠部的作用，是分散进入钻石内的光线。当光线射入钻石内部会使钻石更明亮，使钻石看上去像五彩缤纷的火焰。以圆钻来说，冠部的正中央有一八角形的刻面（Facet），称为桌面或台面（Table）；台面的每一边之外有一个三角形刻面（Star Facet），称为三角刻面或星刻面；每两个三角刻面之间有一个菱形刻面，称为冠部主刻面或风筝刻面（Crown Facet）；每两个风筝刻面之间，接触腰围的一端，有一对上腰面（Upper Girdle Facet）并且成对排列，左右对称，称为上腰面。

腰部（girdle）：腰部是环绕钻石最宽的部分，薄薄的一圈；若从钻石的侧面观察，腰围成一条线。腰部的作用，在保护钻石的边缘，防止钻石破裂，并作为宝石镶嵌之边缘。

亭部（pavilion）：也叫底部，钻石腰部以下三角形的部分。钻石底部的作用，是使通过冠部进入钻石的光线反射到你的眼睛。以圆形钻石来说，冠部共有33

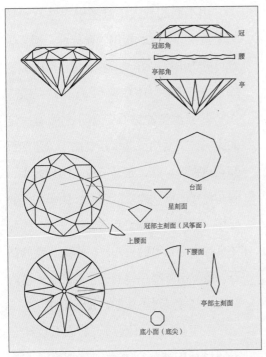

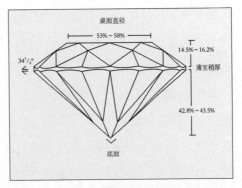

△ 图4-8　完美切型钻石的切割比例

△ 图4-7　标准圆钻型切工各刻面名称示意图

光芒四射的亮度，彩虹般的火彩和明暗交替的闪烁。

个刻面，腰围之下有24个刻面，加上尖底1个刻面，总共为58个刻面。钻石的完美切割比例见图4-8。

（1）亮度：是指从冠部观察时看到的由钻石刻面反射而导致的明亮程度，包括内部亮度和外部亮度。外部亮度及光泽，与折射率和抛光质量有关；内部亮度主要是亭部刻面的反光，是钻石亮度的主要组成部分，取决于钻石的切工比例和透明度。

钻石之所以受到人们喜爱的原因之一，是因为钻石具有极好的明亮度。钻石的明亮度并不是与生俱来的，它必须经过切磨才能显现出来。钻石的明亮度包括三个光学特征，即亮度、火彩和闪烁。切工的优异程度对三个光学特征影响很大，只有经过训练有素的师傅精确无误的设计，巧夺天工的雕琢，才能使钻石充分体现出内在的光学性质，使之呈现出晶莹剔透、

（2）火彩：是指白光通过透明物体的斜面时被分解成不同波段组成光（单色光）的现象。由此形成的光谱色，被称为火彩。色散值越大的宝石，其火彩也越强。钻石的色散值为0.044，是火彩较强的宝石。但是，不同切工比例的钻石，所显现的火彩强度是不一样的。火彩和亮度是一对矛盾体，两者互为消长，即，同一颗钻石，若要提高亮度，必然会影响火彩；要增加火彩，就必然影响亮度

（图4-9）。所以，需要设计师的精心设计，才能达到火彩和亮度合理表现的最佳效果。

因火彩和亮度是一对矛盾体，所以，不同国家和地区在针对不同切工比例的钻石时，由于对火彩和亮度的喜好不同，会出现各个地区所各自认同的理想比例，这些比例的差异之一就在于台面和冠部小刻面的相对大小以及冠部角度的稍微变化。

（3）闪烁：是指当钻石或光源或观察者移动时，钻石的刻面由于对光的反射而发生明暗交替变化的现象。闪烁效果的强弱与钻石刻面的大小和数量有关。如果刻面太小，肉眼无法分辨出各个刻面，就看不出闪烁的效应。例如，如果钻石很小，磨成57个刻面的圆明亮式琢型的闪烁效应，反而不如磨成17个面的简化琢型好。

由上面的叙述不难看出，钻石的切工是重要的标准。根据国家标准，切工质量可分为很好、好和一般三级。而国际上除上述三级外，还有差（Poor）这一级。

做工优良的钻石各部分之间有一定的比例，需要用仪器来仔细测定，才能得知它是很好、好，还是一般。同样大小、同一色级、同一净度的钻石，由于切工的好坏，其价格可相差数倍之巨。切工的好坏直接影响钻石的火彩度。切工优良的钻石，散发出耀眼夺目的光芒；切工不良的钻石，边缘显得不锐利，光芒暗钝。

大自然赋予每颗钻石的原石往往有不同特征的瑕疵，然而通过切磨师的切磨，却可取其精华，弃其糟粕，充分体现钻石的天然美丽，创造最大的价值。要使钻石最充分地发挥它独特的美丽和光华，则很大程度上依赖于钻石切磨的比例是否得当，抛光的质量及刻面的对称性。即使

▲ 图4-9　钻石的亮度与火彩的关系

一颗钻石拥有完美的颜色和净度，受到拙劣的切磨也会使其失去耀眼的光彩。

四、钻石的成因

到目前为止，世界上大多数的原生金刚石主要赋存在金伯利岩中。金伯利岩是一种偏碱性的超基性岩，主要分布于稳定地台区，形成与深断裂带有关，产状为爆破岩筒、火山颈，或为岩墙、岩脉，时代以白垩纪为主。

通过高温高压试验和矿物包裹体研究表明，金刚石是在较高温度和较大的压力下形成的。目前较一致的认识是：形成温度是900℃～1 300℃，压力为4.5～6 GPa，这种条件相当于地壳150～200 km的深度。但根据Moore等（1985）的研究，某些金刚石是在超过300 km的深度形成的。

除高温高压外，形成金刚石还需要具备适当的氧化还原环境，特别是氧逸度。在氧化环境下，金刚石被氧化成二氧化碳，若氧逸度过低，则金刚石与氢发生作用形成甲烷，即：

$$C + O = CO_2$$

$$C + 4H = CH_4$$

从高温高压实验可知：高温特别是高压下可以形成颗粒粗大、透明无色的八面体金刚石。如果压力稳定，温度迅速下降，钻石仍处于稳定状态；相反，如果温度稳定，压力迅速下降，易导致钻石晶体结构的位错滑移，并诱发晶格缺陷，使一部分原本无色的钻石变为褐黄色、棕黄色，逐渐石墨化。所以，钻石形成的首要条件是较高的温度和稳定的超高压状态，岩浆在上升过程中压力应基本保持不变或下降速度很慢。但在地球的开放系统中，尤其是接近地表时的压力会迅速下降，岩浆上升过程中要想保持温度、压力变化不大，首先是岩浆上升速度必须很快。所以，金刚石多形成于上升速度极快的爆炸岩管中。

五、钻石产地分布及世界名品

世界上至少有35个国家或地区发现了天然金刚石资源。据美国地质调查局统计，世界金刚石主要集中在南非、俄罗斯、博茨瓦纳、民主刚果和澳大利亚等国。

目前，全世界金刚石产量每年约9 000×10^4 Ct，其中宝石级（钻石）占17%，约为1 530×10^4 Ct。主要金刚石产出国是澳大利亚、扎伊尔、博茨瓦纳、俄罗斯、南非5国。其他金刚石产出国还有纳米比亚、安哥拉、中非共和国、巴西、委内瑞拉、加纳、塞拉利昂、几内亚、象牙海岸、中国、利比里亚、坦桑尼亚等。

现将世界主要金刚石产出国的金刚石矿产分布及重要矿山简单介绍如下：

1. 南非

提到金刚石，世人印象最深的就是南非。这是因为：

（1）南非出产了世界上最大的重3 106 Ct的金刚石——库利南钻石，且质地极佳。

（2）赋存金刚石的角砾云母橄榄岩首先被确认于南非的金伯利地区，被命名为金伯利岩而闻名于世。

（3）控制南非及其他非洲一些金刚石产出国金刚石开采、加工、分级、定价、销售的戴比尔斯联合采矿有限公司总部设在南非。

在南非，含金刚石的金伯利岩管有150个，集中分布在金伯利市与亚赫斯卡坦之间，以及比勒陀利亚、里赫腾堡、纳马卡兰德。冲积金刚石砂矿床主要分布在瓦尔河、奥伦次河、林波波河，以及开普高地。

主要的矿山有金伯利、库里南、科费贺特印、法因茨、纳马卡兰德、普列米尔。南非年产金刚石超过10×10^6 Ct，其中，宝石级占25%，近宝石级占37%，工业级占38%。南非出产的金刚石不仅颗粒大，而且色泽美丽多样，从无色到红、黄、蓝、褐、墨绿、金黄等色都有。

（1）金伯利金刚石矿：金伯利金刚石矿床是世界上最早发现的超大型金刚石矿床。位于南非金伯利城附近。

1866年夏的一天，南非奥兰治河岸的德克尔农场的一个15岁的男孩儿发现了一颗重达21.25 Ct的钻石，后来这颗钻石被切磨成10.73 Ct的椭圆形钻石，最初被命名为奥莱利。当这颗钻石亮相于1889年在巴黎举行的万国博览会上时，被命名为尤利卡（Eureka）。

自南非钻石出现曙光后，很快在金伯利发现规模巨大的钻石矿床。1870～1891年，共发现95个金伯利岩体，其中43个含金刚石。经过勘查，13个具有经济价值。其中，5个规模较大，具有最重要的经济价值：①金伯利岩管（kimberley），面积300 m×150 m，含金刚石0.35 Ct/t，现已闭坑，开采深度达1 075 m；②戴贝尔斯岩管（De Beers），面积330 m×210 m，含金刚石0.4 Ct/t；③杜托依斯潘岩管（Dutoitspan），面积793 m×245 m，含金刚石0.3 Ct/t；④韦瑟尔顿岩管（Wessehon），面积542 m×210 m，含金刚石0.25 Ct/t；⑤伯尔特方丹岩管

（Bulffontein），面积呈圆形，直径300 t，含金刚石0.18 Ct/t。岩管侵位于白垩系，同位素年龄8 600万年～9 400万年。

1872～1903年间，从金伯利城周围的各矿床中开采出来的钻石年产量已达（2 000～3 000）×10^4 Ct，占全球钻石总产量的95%。由于南非钻石的发现，并在此基础上，创立起了世界上最大的钻石公司DeBeers公司，由此开创了现代十分繁荣的现代钻石产业。

（2）库里南金刚石矿：库里南金刚石矿位于比勒陀利亚东北方约50 km的小镇库里南，矿床隶属于比勒陀利亚岩筒群。这个岩筒群在大地构造上属南非古隆起东南边缘，共发现18个岩体，其中11个含金刚石，最著名的岩筒是普列米尔岩筒。岩筒群中有两个已经被开采。

普列米尔岩筒发现于1902年，它是南非最大的金伯利岩岩筒，地表呈椭圆形，大小为880 m×500 m，占地面积30.75×10^4 m^2，垂深400 m以内岩筒形态没有变化。约在400 m深处，有一缓倾斜的厚约80 m的辉长岩岩床横穿岩筒。

普列米尔岩筒于1903年投产，在头三年内金刚石品位高达1.5 Ct/m^3～3 Ct/m^3，随着开采深度增加，品位急剧降低，至400 m深处，品位为0.34 Ct/m^3，但在辉长岩岩床之下，品位可提高到0.72 Ct/m^3。该岩筒产有许多著名的大金刚石，如世界最大的宝石级金刚石库里南等。据统计，该岩筒中已采出300多颗大于100 Ct的金刚石，其中大于500 Ct的有7颗。

库利南是1905年1月25日发现的。它纯净透明，带有淡蓝色调，是最佳品级的宝石级金刚石。一直到现在，它还是世界上最大的宝石级金刚石。

2. 澳大利亚

澳大利亚主要的金刚石矿床分布在西澳大利亚州库木努拉（Kumunurra）以南120 km的阿盖尔，矿床是20世纪70年代末期才发现的，是世界上最大最富的超大型金刚石矿床。AK-1岩体岩性为橄榄钾镁煌斑岩，含斑晶橄榄石10%～25%，小斑晶金云母15%～30%，其中金红石达7%。基质由金云母及少量镁钛矿、榍石、钙钛矿和磷灰石等组成。岩筒呈不规则状位于河谷的底部，由于钾镁煌斑岩被剥蚀，斯摩克河和莱姆斯通河冲积砂矿的金刚石均直接来自AK-1岩筒的剥蚀。故AK-1钾镁煌斑岩岩筒及斯摩克河和莱姆斯通河冲积砂矿，这三部分矿床统称为阿盖尔金刚石矿床。

估算AK-1岩筒矿石储量6 100×10^4 t，

平均品位6.8 Ct/t，金刚石储量$4.148×10^8$ Ct，超过世界上原来最富的金伯利岩筒——刚果（金）的杜捷列岩筒3～4 Ct/t的品位。AL-1岩筒两侧河床上的冲积砂矿床金刚石矿石储量$50×10^4$ t，平均品位4.6 Ct/t。

阿盖尔金刚石矿床不仅储量大、品位高，而且质量优良，其中有一颗重3.14 Ct的粉红色中略带紫色经切割的金刚石，在纽约克里斯蒂拍卖行拍出125.6万美元的创纪录的价格。

另外，澳大利亚西部波文河（Bow/River）亦有金刚石产出，已探明储量＞$9×10^6$ Ct，品位0.32 Ct/t。

澳大利亚年产金刚石大于$35×10^6$ Ct，居世界首位，其中宝石级5%，近宝石级45%，工业级55%。

3. 俄罗斯

俄罗斯的金刚石矿产分布在西伯利亚的雅库特自治共和国宋塔尔和奥列尼奥克以及扬古迪亚，这些地方共发现500个金伯利岩筒（管），其中，只有10%是含金刚石的，包括著名的黎明岩筒、和平岩筒、成功岩筒等。

据塔斯社报道，在俄罗斯的雅库特自治共和国南部纽尔巴村附近的马尔哈河流域发现了一个新的大型金刚石矿床。该矿床由角砾云母橄榄岩构成。此矿床将成为雅库特潜力最大的矿床之一。雅库特所开采的金刚石占俄罗斯金刚石总产量的98%。金刚石是俄罗斯最重要的出口产品之一。据俄罗斯地质与矿产资源委员会的统计资料，1993年俄罗斯未经加工的金刚石的出口数为$843.65×10^4$ Ct，价值121 840万美元。

据英国《每日邮报》、俄塔斯社等报道，俄罗斯首次公布了一个世界最大钻石矿——珀匹盖陨石坑。该矿场位于西伯利亚东部地区的一个直径超过100 km的陨石坑内，储量估计超过万亿克拉，比目前已知的全世界钻石矿储量的总和还大10倍。俄罗斯科学院西伯利亚分院表示，西伯利亚东部的珀匹盖陨石坑内有数万亿克拉的冲击钻，是良好的工业钻石，而不是用来打造珠宝。事实上，早在20世纪70年代，前苏联政府便已经发现了这个巨矿，只是为避免损害本国钻石业利益，才将这个秘密隐瞒至今（中新网2012年9月19日）。但此报道曾引起许多人的怀疑。

4. 扎伊尔

扎伊尔的金刚石资源非常丰富，金刚石矿床开发较早。1907年在切卡帕地区首次发现一颗重0.1 Ct的金刚石，以后又找到了许多金刚石砂矿，含金刚石区面积达1万多 km^2。切卡帕地区于1913年开始开采，每年产金刚石50×10^4 Ct ～ 100×10^4 Ct，且多为高品级的金刚石，其中宝石级约占65%。1928年以前，切卡帕地区曾是扎伊尔开采金刚石的中心，以后才逐渐转移到东开赛省的布什玛伊河流域。布什玛伊地区于1916年发现金刚石，经过30多年的普查勘探工作，不仅找到了大量的金刚石砂矿，并于1946年发现了规模大、品位高的金刚石原生矿，成为20世纪80年代世界最大的金刚石矿区。布什玛伊地区的金刚石质量不如切卡帕地区，多半是低品级，其中宝石级仅占3%。

在1986年被澳大利亚超过以前，扎伊尔一直是世界金刚石产量最大的国家，其金刚石矿山主要分布在加丹加省、巴克万加省、东开赛省的姆吉布-马伊、西开赛省的切卡帕，矿床工业类型主要是侏罗纪的金伯利岩筒、三叠纪的含金刚石砂砾岩系；现代河床冲积砂矿也是其重要的类型，阶地砂矿、河漫滩砂矿也很发育。

扎伊尔年产金刚石约20×10^6 Ct，其中，工业级>65%，宝石级<5%，近宝石级30%。扎伊尔金刚石产量虽然居世界第二位，但由于产品中工业级占的比重大，其产品的平均价格每克拉<10美元，因而经济价值相对较低。

5. 博茨瓦纳

博茨瓦纳从1955年开始金刚石矿普查，历经12年的艰苦努力，投资3 200万美元，于1967年发现了原生金刚石矿床。至20世纪80年代，博茨瓦纳全境2/5以上面积进行过金刚石普查工作，其中发现40个金伯利岩岩筒，包括当时世界第二大岩筒——欧拉帕（Orapa）岩筒。博茨瓦纳金伯利岩岩筒均产于地台上大坳陷（卡拉哈里台向斜）和大隆起（罗得西亚—卡普瓦尔地盾）的交接地带。根据已经发现的金伯利岩岩筒分布状况，可分为3个岩筒群，即欧拉帕岩筒群、杰旺年岩筒群和莫楚迪岩筒群。

欧拉帕岩筒群包括32个含金刚石的岩筒，分布在直径约50 km的范围内，其中最大的岩筒为欧拉帕岩筒，地表面积114×10^4 m^2，规模为1 560 m×950 m，地表呈椭圆形，仅距地表37 m深度以上（包括地表残、坡积矿），探明储量8 500 × 10^4 Ct，在垂深3 000 m处仍含金刚石。该岩筒金刚石粒度小，只有10%属宝石级。

杰旺年岩筒群位于欧拉帕区南400 km，首都加博罗内西88 km处，包括4个岩筒，其中的杰旺年岩筒浅部面积50×10^4 m^2，它由3个岩筒组成，在近地表处3个岩筒连在一起。勘查表明，该岩筒金刚石品位为5 Ct/m³～6.7 Ct/m³，宝石级金刚石占15%～20%，金刚石质量高于欧拉帕岩筒。

莫楚迪岩筒群分布于博茨瓦纳东部加博罗内以北，已知3个岩筒，均不含金刚石。

博茨瓦纳金刚石矿山都很年轻，其储量足够开采40年以上，生产能力强，潜力很大。博蒋瓦纳年产金刚石约18×10⁶ Ct，产品中宝石级占20%，近宝石级占50%，其余30%为工业级。

6. 安哥拉

安哥拉是世界上主要产金刚石的国家之一，20世纪70年代年产量达240×10⁴ Ct，居世界第五位。由于种种原因，自1975年以来，产量急剧下降，到1978年产量只有65×10⁴ Ct。

16世纪后半叶就知道安哥拉有金刚石，但直到1912年才在安哥拉东北部的隆达地区真正发现了第一颗金刚石，随后开展了金刚石的砂矿普查工作，不久就找到了规模很大的金刚石冲积砂矿。但金刚石的原生矿的发现却经历了漫长的岁月，经过了40年的找矿时间，直到1952年才发现了第一个金伯利岩岩体，1964年找到了新的金伯利岩区。

根据物探资料，在安哥拉有几条区域性线性构造带，其中最大的一条呈北东向的隐伏的深断裂带穿越安哥拉，长达1 200 km，被一系列年轻的北西向或北西西向次级断裂所切割。已发现的金伯利岩主要沿着这条深断裂带或构造薄弱带分布。

根据中国选矿网提供的《安哥拉矿业投资指南》介绍，安哥拉国内最大的金刚石生产者是Sociedade Miniera de Catoca Ltda.公司（SMC），目前经营着位于绍里木（Saurimo）以南35 km的卡托卡（Catoca）金伯利岩矿区，2001年的金刚石产量约为150×10⁴ Ct。卡托卡金刚石矿是安哥拉最大的露天金刚石矿，由安哥拉、南非、以色列、巴西等国的有关公司和其他国际投资人联合投资开发，1998年的产值为600万美元，1999年的产值为3 000万美元，占安哥拉官方金刚石产量的70%、销售量的50%。

澳大利亚的阿师顿矿业有限公司（Ashton Mining Ltd.）、安哥拉国民金刚石公司和Odebrecht公司共同组建的SDM公司目前正在安哥拉东北部的Cuango河谷开采金刚石砂矿。该矿地的许可范围为85 600 cm²。2001年产出了41.9×10⁴ Ct高质量的金刚石。

安哥拉金刚石质量好，所产出的金

刚石中，宝石级占70%，近宝石级占20%，工业级仅占10%，因而经济价值较高。

7. 纳米比亚

纳米比亚是世界上重要的金刚石产区之一，金刚石资源丰富，质量很高，以盛产宝石级金刚石而著名。

纳米比亚的金伯利岩分布在纳马夸兰高原的吉贝翁（Gibeon）地区，至20世纪80年代，已发现46个岩筒和16条岩墙、岩脉，但都不含金刚石。金伯利岩型金刚石矿床分布在南部的斯别尔格贝特，它是南非西部纳马卡兰德金刚石矿床向北延伸的组成部分。

纳米比亚的金刚石砂矿产于沿大西洋海岸5～20 km，绵延长达1 500 km的滨岸地区内。该区第一颗金刚石发现于1908年，随后，掀起了滨海砂矿的热潮。仅1909～1914年间，金刚石产量就达465×10⁴ Ct。纳米比亚金刚石砂矿的成因类型有滨海-海洋砂矿、河流砂矿和风成（残余）砂矿。风成砂矿虽然发育于局部地区，但它却是世界上一种独特的砂矿类型。

斯别尔格贝特金刚石矿床以出产粗粒宝石级金刚石闻名于世，产品中粗粒宝石级（≥2 Ct）占25%，细-中粒宝石级占73%，其余2%为工业级。河流-滨海冲积型金刚石砂矿床有3处，一处是奥兰次河至华尔威斯湾沿海地带，另一处在埃里扎比次湾，第三处在卢德立次湾的近海海底。这三处次生金刚石砂矿床所产金刚石都是粗-细粒宝石级的。

纳米比亚年产金刚石超过1×10⁶ Ct，其中95%是宝石级的，居世界之首位，5%是工业级的。

8. 中非共和国

中非共和国（简称中非）是一个位于非洲大陆中央的内陆国家。金刚石是中非的主要矿产之一，在国家出口商品中占很大的比重。

中非金刚石最早发现于1913年。从1927年起就开展金刚石的系统勘查。1931年和1936年，分别开采东乌班吉和西乌班吉（Qubangui）地区砂矿。1956年，在东乌班吉地区发现了金伯利岩岩体。

中非金刚石开采地在上科托省和上萨哈省的河流冲积矿床中，年产金刚石50×10⁴ Ct，其中宝石级占55%，近宝石级占35%，工业级占10%。由于中非是非洲为数不多的拥有金刚石切割工厂的国家之一，虽然金刚石年产量不大，但其每年出口经切割后的金刚石的产值超过4 000万美元。

9. 塞拉利昂

塞拉利昂共和国于1930年发现了金

刚石，是世界上金刚石主要产出国之一，以开采砂矿为主，最高年产量达 204.8×10^4 Ct（1970年）。

塞拉利昂的金刚石砂矿主要分布在其东部的塞瓦河（Sewa）及其支流巴菲河（Bafi）、莫阿河（Moa）和马诺河（Morro）流域，含金刚石区总面积 2×10^4 cm^2，主要矿床类型为分布在现代河谷范围内的砂矿和分布在河谷范围以外的冲积砂矿。

经过长期的开采，已知的易于开采的砂矿业已开采完毕，此后着手开采品位较贫的砂矿，结果造成产量大幅下降，1978年仅产 80×10^4 Ct。目前年产金刚石约 40×10^4 Ct，其中55%是宝石级，35%是近宝石级，10%是工业级。

塞拉里昂之星（StarofSerraLeone）于 1972年2月14日发现于塞拉里昂的科诺地区河流冲积砂矿中，重量为968.90 Ct，晶形不完整，呈鸡蛋状，无色透明，属优质宝石级金刚石。

据2012年的相关报道，塞拉利昂金刚石储量在 950×10^4 Ct以上，其中，探明储量中以原生金刚石为主，主要位于东部的Koidu和Tongo两个地区，探明的金刚石储量分别为 630×10^4 Ct和 320×10^4 Ct，地下深度约600 m。看来，该国的金刚石资源仍有较好的前景。

10. 中国

我国金伯利岩型金刚石矿床分布在辽宁省瓦房店市和山东省蒙阴县的西峪、蒙山王村（图4-10）。冲积金刚石砂矿床主要分布在湖南省西部沅江及其支流（如麻阳县武水中下游）及山东省临沂市

▲ 图4-10　山东蒙阴701金刚石矿原采坑

沂河、沭河流域。西藏安多县东巧的洪积扇中也发现有金刚石，但粒度很小。中国金刚石矿产勘查靶区主要在山东省临沂市、湖南省西南部和贵州省东南部，以及四川省南部的西昌-攀枝花裂谷带上。目前，中国仅有山东省临沂蒙山建材701矿规模化生产金刚石。

11. 印度

印度是世界上最早开采和加工金刚石的国家，早在2000多年以前就已开采金刚石砂矿，但金刚石的原生矿直到1925年以后才发现。

印度金刚石原生矿分布在印度地台东部一个近南北向的、宽500～600 km、长达1 500 km的地区内。金伯利岩体产于由花岗片麻岩组成的隆起区或者由元古代沉积岩组成的坳陷盆地边缘。金伯利岩体主要分布在潘纳（Panna）岩筒群和瓦季拉卡鲁尔（Vajrakarur）岩筒群两个孤立的区域内。印度的金刚石砂矿分布很广泛，主要矿床类型有前寒武纪含金刚石砾岩及古代和现代河流冲积砂矿。

多年来，印度金刚石的产量并不大，年产量仅为 2×10^4 Ct左右，但金刚石质量甚高，大部分（达87%）属宝石级。

目前，印度的金刚石资源已接近枯竭，孟买附近的浦那金刚石矿床每年的产量只有14 000 Ct左右。20世纪90年代初，在Madhya Pradesh发现了新的金刚石矿床。印度目前仍有70万从事金刚石切割、琢磨、抛光的熟练工人。澳大利亚生产的金刚石多是送到印度进行加工。

12. 巴西

巴西早在18世纪初期，首先在米纳斯吉拉斯州中部发现了金刚石，随后，相继在其他地区找到了金刚石砂矿和含金刚石的千枚岩。从19世纪到20世纪初，巴西取代了印度而成为世界主要金刚石产出国。以后，由于非洲国家金刚石矿床的发现和投产，巴西的金刚石产量才退居次要地位。

巴西的金刚石砂矿分布很广，成因类型繁杂，含矿层位甚多。在类型上，有冰川形成的砾岩、古代和现代河流冲积砂矿、残破积砂矿等。含金刚石的层位，则从寒武纪到第四纪都有。

巴西是南美洲主要金刚石产出国，金伯利岩型金刚石矿床主要分布在巴伐利亚州及米纳斯吉拉斯州，但品位很低，故以开采冲积砂矿床为主。巴西的金刚石砂矿的品位很高，且所产金刚石质量优良。巴西年产金刚石超过 60×10^4 Ct，其中宝石级占55%，近宝石级占35%，工业级占10%。

值得指出的是，巴西境内金刚石砂矿中发现了不少世界著名的大金刚石，据不完全统计，迄今已发现大于100 Ct的金刚石30颗以上，其中包括瓦加斯总统726.6 Ct，达尔西瓦加斯460 Ct，科罗曼德尔400.65 Ct等等。在巴西，每年还开采出相当数量的黑金刚石。已经发现的最大的黑色金刚石重3 167 Ct，其余2 000 Ct和931 Ct等黑金刚石，均来自砂矿。

六、钻石的优化处理及人工合成钻石

1. 钻石的优化处理

金刚石是珍贵、稀有的自然资源，且达到宝石级的金刚石数量稀少，为了更加充分地利用自然资源，提高钻石的价值，世界上越来越多的机构都在关注钻石优化处理的研究。

钻石的优化处理是指以改善钻石的外观为目的，利用除打磨、抛光以外的技术手段来提高或改变钻石的净度、颜色等外观特征的一切方法，具体包括辐照与热处理、激光打孔、充填处理、覆膜处理和高温高压处理等技术方法。

（1）涂层和镀层：这是改善钻石外观颜色最传统的处理方法，已经有400～500年的历史。其方法是根据颜色互补原理，在钻石的亭部表面涂上或利用氟化物镀上一层带蓝色的、折射率很高的物质，从而提高钻石的颜色级别。

涂层和镀层钻石一般比较容易鉴定，利用反射光观察，表面因光的干涉、衍射等作用常常体现晕彩效果，也可以利用化学试剂擦拭或钢针刻划等方法进行鉴定。采用这种方法处理的钻石往往采用亭部包镶的方法，这种情况下会有一定的鉴定难度。

（2）辐照改色钻石：钻石的辐照改色是利用诸如 α 粒子、中子等高能射线对钻石进行辐照并改变其颜色的技术方法。利用辐照可以产生不同的色心，从而改变钻石的颜色。辐照钻石几乎可以呈任何颜色，但辐照改色后的钻石常常存在颜色不稳定的问题，所以常常在辐照后配合热处理。1971年，曾有人高价出售一颗104.52 Ct的金黄色垫型钻石。事后获悉，这颗钻石本色为浅黄色。这是钻石辐照改色最为著名的案例。

辐照改色的方法有中子辐照处理、高能电子束辐照处理、带重电离子辐照处理、γ 射线辐照处理。中子辐照处理后的钻石有比较均匀和稳定的蓝色和绿色，高能电子束辐照处理的钻石多为比较均匀的蓝绿色和蓝色，带重电离子辐照处理的钻石主要呈绿色色调，γ 射线辐照处理可形成绿色、蓝绿色等均匀颜色。

（3）高温高压处理钻石：1988年美国通用电气公司（EG）采用高温高压（HTHP）的方法将比较少见的Ⅱa型褐色钻石处理为无色钻石，通过这种方法改色的钻石称为高温高压修复型钻石。由于这种钻石是通过以色列Lazare Kaplan的安特卫普分公司Pegasua Qverseas Limited（POL）销售，所以又称为EG-POL钻石。对于这种钻石，通用电气公司承诺由他们处理的钻石在腰棱表面用激光刻上"GE-POL"字样。

（4）激光打孔：当钻石中含有固态包体，特别是有色和黑色包体时，会极大地影响钻石的净度外观。利用激光烧蚀钻石，形成达到黑色包体的开放性通道，再用强酸溶蚀黑色包裹体，从而可以提高钻石的表观净度。激光打孔后形成的通道，往往充填玻璃或其他无色透明的物质。

（5）裂隙充填：20世纪80年代，以色列Ramat Zvi Yshuda发明了外来物质充填处理钻石解理、裂隙、空洞和激光孔的技术和方法，以改善钻石的净度外观。经过充填处理的钻石称为裂隙充填钻石，充填物一般是高折射率的玻璃或环氧树脂。一般情况下，通过放大镜观察和X光照相等均能鉴定该类钻石。

由于钻石是一种贵重的宝石，尤其是净度好、色级高、重量大的钻石，更为稀缺珍贵，且价格不菲，因此，人们想方设法改善品质低的钻石，这样不仅可充分利用钻石资源，而且可满足一些消费者想花较少的钱购得看似较高级别钻石的需求。但这也是不法商贩投机取巧的渠道。

2. 人工合成金刚石

合成金刚石是在人工条件下利用碳质材料通过晶体生长的方法制备出来的人工材料，它的化学成分、晶体结构、物理性质等与天然金刚石基本相同。

目前，人类已掌握了多种金刚石的合成方法，按其原理来分，基本上可以分为高温高压和亚稳态生长两类。

（1）高温高压法（HPHT）合成金刚石：1796年，S.Tennant将金刚石燃烧成CO_2，证明金刚石是由碳组成的。后来，又知道天然金刚石是碳在深层地幔经高温高压转变而来的，因此，人们一直想通过碳的另一同素异形体石墨来合成金刚石。根据热力学数据以及天然金刚石存在的事实，人们开始模仿大自然的高温高压条件将石墨转化为金刚石的研究，即所谓的高温高压（HPHT）技术。

早期合成金刚石的想法始于1832年法国的Cagniard及后来英国的Hanney和

Henry/Moisson。但直到1953年，瑞典的Liander等才通过HPHT技术首次成功合成了金刚石。接着，美国GE公司的Bundy等人就利用此法也得到了人造金刚石。他们把石墨与金属催化剂相混合，通常使用Fe、Ni、Co等金属作催化剂，在1 300～1 500 K和6～8 GPa的压强下得到了金刚石，并于20世纪60年代将HPHT金刚石应用于工具加工领域。

不用催化剂得到金刚石的实验在1961年获得成功。用爆炸的冲击波提供高压和高温条件，估计压强为30 GPa，温度约1 500 K，得到的金刚石尺寸为10 μm。1963年又在静压下得到了金刚石，压强为13 GPa，温度高于3 300 K，历时数秒钟得到的金刚石尺寸为20～50 μm。

目前，使用HPHT生长技术一般只能合成小颗粒的金刚石。在合成大颗粒金刚石单晶方面，主要使用晶种法。晶种法是在较高压力和较高温度下，几天时间内使晶种长成粒度为几个毫米、重达几个克拉的宝石级人造金刚石。较长时间的高温高压使得生产成本昂贵，设备要求苛刻，而且HPHT金刚石由于使用了金属催化剂，使得金刚石中残留有微量的金属粒子，因此要想完全代替天然金刚石还有相当长的距离。而且用目前的技术生产的HTHP金

刚石的尺寸只能从数微米到几个毫米，这也限制了金刚石的大规模应用。

（2）低压法合成金刚石

①简单热分解化学气相沉积法：在20世纪50年代末，用简单热分解化学气相沉积法合成金刚石分别在前苏联科学院物理化学研究所和美国联合碳化物公司获得成功。具体做法是，直接把含碳的气体，比如CBr_4、CI_4、CCl_4、CH_4、CO或简单的金属有机化合物，在900～1 500 K时进行分解。由于气相的温度与衬底的温度相同，金刚石的生长速率很低，约0.01 μm·h^{-1}，而且通常有石墨同时沉积。

②激活低压金刚石生长：1958年，美国Eversole等采用循环反应法，第一个在大气压下利用碳氢化合物成功地合成了金刚石膜，随后，前苏联的Derjagin等也用热解方法制备出了金刚石薄膜。这项创新成果一直没有引起人们的重视，甚至受到嘲笑，因为人们普遍受到高温高压合成金刚石框框的限制。直到20世纪80年代初，日本科学家Setaka和Matsumoto等人发表一系列金刚石合成研究论文，他们分别采用热丝活化技术、直流放电和微波等离子体技术，在非金刚石基体上得到了每小时数微米的金刚石生长速率，从而使低压气相生长金刚石薄膜技术取得了突破性

的进展。正是这些等离子体增强化学气相沉积（CVD）技术及其后来相关技术的发展，为金刚石薄膜的生长提供了基础，并使之商业化应用成为可能。

CVD是通过含有碳元素的挥发性化合物与其他气相物质的化学反应，产生非挥发性的固相物质，并使之以原子态沉积在置于适当位置的衬底上，从而形成所要求的材料。CVD法目前已成功地发展了许多种，如热丝CVD法、直流电弧等离子体CVD法、射频等离子体CVD法、微波等离子体CVD法、电子回旋共振CVD法、化学运输反应法、激光激发法、燃烧火焰法等。

2002年，瑞典科学家Isberg等人用等离子体CVD技术在金刚石基底上外延生长了金刚石单晶，它有很高的电荷迁移率，展现出碳芯片的前景。金刚石芯片能使计算机在接近1 000℃的高温条件下工作，而硅芯片在高于150℃时就会瘫痪。

由于碳芯片具有绝好的导热性能，使得金刚石器件可以做得更小，集成度进一步提高。目前，金刚石晶体管和发光二极管已在实验室实现，但离工业化还有一段时间，要解决的问题很多，其中包括片状金刚石的生长和掺杂问题。

③水热、溶剂热等其他合成技术：1996年，Ting-zhong Zhao、Rustum Roy等人用玻璃碳为原料，镍作催化剂，在金刚石晶种存在的条件下，通过水热方法合成出了平均粒径为0.25 μm的金刚石。1998年，钱逸泰院士和李亚栋博士以CCl_4为碳源成功地合成了纳米金刚石。2001年，Yu-ry Gogotsi等人用SiC作碳源，在1 000℃的条件下也合成了金刚石。这些合成的一个共同特征是在选择碳源上，要求碳原子必须与金刚石中的碳一样，这样向金刚石的转化会容易一些。事实上，CVD低压合成金刚石工艺中碳源的选择也是遵循这一原则的。该工艺中碳源一般是CH_4，CH_4分子是四面体结构，与金刚石中碳-碳四面体连接很类似，如果将CH_4中的4个氢原子拿掉，让剩下的骨架在三维空间重复，就得到了金刚石结构。

宝石姐妹花——红宝石、蓝宝石

一、红宝石、蓝宝石简介

1.红宝石和蓝宝石的概念

红宝石（ruby）（图4-11）和蓝宝石（sapphire）（图4-12）都是透明色美的刚玉（corundum）矿物。宝石级的刚玉中红色者（中等深浅的红色到暗红至紫红）称红宝石，其他颜色者称蓝宝石，包括粉红色的也是蓝宝石（图4-13）。其他颜色的蓝宝石可用前置形容词修饰命名，如黄色蓝宝石。

刚玉是自然界产出的，主要成分为Al_2O_3，具有三方对称的矿物。因刚玉中含微量的铬、铁、钛、镍、锰、钒等元素而呈鲜艳的颜色。红宝石和蓝宝石同属于世界著名的五大珍贵宝石。

图4-11 红宝石

图4-12 蓝宝石

图4-13 粉红色蓝宝石

除颜色美艳外，部分红宝石和蓝宝石因内部含有定向排列的针状包裹体，可能出现六射星光及罕见的十二射星光，并且在不同光源下可能出现变色现象。

2.红宝石、蓝宝石的象征意义

（1）红宝石：红宝石的英文名为ruby，在《圣经》中红宝石是所有宝石中最珍贵的。红宝石炙热的红色使人们总把它和热情、爱情联系在一起，被誉为爱情之石，象征着爱情的美好、永恒和坚贞。

红宝石是7月份的生辰石。不同色泽的红宝石来自不同的国度，却同样意味着一份吉祥。红色永远是美的使者，红宝石更是将祝愿送予他人的最佳向导。红宝石的红色之中，最具价值的是颜色最浓、被称为鸽血红的宝石。这种几乎可称为深红色的鲜艳、强烈色彩，更把红宝石的真面目表露得一览无余。遗憾的是，大部分红宝石的颜色都呈淡红色，并且有粉红的感觉，因此带有鸽血色调的红宝石就更显得有价值。

由于红宝石弥漫着一股强烈的生气和浓艳的色彩，以前的人们认为它是不死鸟的化身，对其产生了热烈的幻想。传说左手戴一枚红宝石戒指或左胸戴一枚红宝石胸针就有化敌为友的魔力。缅甸人相信红宝石可保佑人不受伤害。昔日，缅甸武士自愿在身上割一小口，将一粒红宝石嵌入，认为就可以刀枪不入了。印度人觉得戴红宝石首饰的人将会健康长寿、爱情美满、家庭和谐、发财致富。

在《圣经·旧约》的《出埃及记》中可以看到这样的记载：在祭祀亚伦的胸甲上分布着四行宝石，第一行是红宝石、托帕石、绿柱石，第二行是绿松石、蓝宝石、祖母绿，第三行是锆石、玛瑙、紫水晶，第四行是橄榄石、缟玛瑙、碧玉。据传这12种宝石正好代表了以色列人的12个部落。暂且不论红宝石究竟与以色列人哪个部落相关，单从排列的顺序就能看出，在古人眼中，红宝石占有举足轻重的地位。从古至今，除了钻石外，只有红宝石才能享有宝石之王的美誉。而顶级红宝石比顶级钻石更加珍稀，有着无与伦比的魅力和历久弥新的品质。

（2）蓝宝石：蓝宝石象征忠诚、坚贞、慈爱和诚实。星光蓝宝石又被称为命运之石，能保佑佩戴者平安，并让人交好运。蓝宝石属高档宝石，是世界四大宝石之一，位于钻石、红宝石之后，排名第三。蓝宝石是9月份和秋季的生辰石，它与红宝石有姊妹宝石之称。

蓝宝石以其晶莹剔透的美丽颜色，被古代人们蒙上神秘的超自然的色彩，被视为吉祥之物。早在古埃及、古希腊和古罗马，就被用来装饰清真寺、教堂和寺院，并作为宗教仪式的贡品。它也曾与钻石、珍珠一起成为英帝国国王、俄国沙皇皇冠上和礼服上不可缺少的饰物。自从近百年宝石进入民间以来，蓝宝石分别跻身于世界五大珍贵宝石之列，是人们珍爱的宝石品种。

世界宝石学界定蓝宝石为9月份的生辰石。日本人选其作为结婚23周年（蓝宝石）、26周年（星光蓝宝石）的珍贵纪念品。

蓝宝石有着许多传奇式的赞美传说。据说，它能保护国王和君主免受伤害和妒忌。它是最适用于教士环冠的宝石，传统的做法是把基督教的十诫刻在蓝宝石上。

波斯人认为大地由一个巨大的蓝宝石支撑，蓝宝石的反光将天空映成蓝色。

东方传说中把蓝宝石看作指路石，可以保护佩戴者不迷失方向，并且还会交好运，甚至在宝石脱手后仍是如此。

19世纪著名探险家，《一千零一夜》的作者Richard Burton有一颗硕大的星光蓝宝石。他把这颗蓝宝石视为护身符，无论走到哪里总能给他带来好运和及时的服务，只要看一下蓝宝石，想要的一切就来了。

红宝石、蓝宝石都曾被认为具有医疗作用。据说红宝石可以治疗胆汁过多和胃肠胀气，蓝宝石可以治疗眼疾。现在看来似乎缺少科学依据。

二、红宝石、蓝宝石的性质

1. 主要成分

红宝石和蓝宝石都是透明色美的宝石级刚玉矿物。刚玉的化学成分为三氧化二铝（Al_2O_3），因含微量元素钛（Ti）或铁（Fe）而呈蓝色，因含铬（Cr）而呈红色。刚玉中常含有一些杂质，这些杂质的含量对其颜色影响很大，详见表4-4。

表4-4　　　　　　　　　刚玉中所含杂质与颜色的关系

杂质化学成分	杂质含量（%）	颜色
Cr_2O_3	0.01～0.05	浅红
Cr_2O_3	0.1～0.2	桃红
Cr_2O_3	2～3	深红
Cr_2O_3 +NiO	0.2～0.5 0.5	橙红

（续表）

杂质化学成分	杂质含量（%）	颜色
TiO_2 $+Fe_2O_3$ $+Cr_2O_3$	0.5 1.5 0.1	紫红
TiO_2 $+Fe_2O_3$	0.5 1.5	蓝色
NiO $+Cr_2O_3$	0.5 0.01～0.05	金黄
NiO	0.5～1.0	黄色
Cr_2O_3 $+V_2O_5$ $+NiO$	1.0 0.12 0.3	绿色
V_2O_5		日光灯下蓝紫色 钨丝白炽灯下红紫色

2. 物理性质

颜色：颜色多样，不透明或半透明者多为蓝灰、黄灰或不同色调的黄色；透明者主要有无色、白色及红、蓝、黄、绿、紫等色。有的刚玉具变色。晶体颜色不均匀，多边形色带较发育。

硬度：摩斯硬度9，仅次于钻石，也是自然界中相当硬的物质，因此，刚玉也是工业上常用的磨料。和钻石一样，它的硬度同样有异向性。

密度：密度较大，3.99 g/cm³～4.02 g/cm³，平均4.00 g/cm³，所以刚玉也常形成砂矿。

解理与裂理：刚玉没有解理，但是有4个不同方向的裂理。

裂理与解理表现相似，也是在外力打击下，沿一定结晶方向裂开成光滑平面的性质。但是解理与裂理的形成原因不同，解理是矿物本身结构的异向性造成的固有的性质，是这种矿物晶体都有的；而裂理则是由于外来因素，如杂质进入晶体沿着某些结晶方向排列，或者双晶的结合面，造成这些结晶方向结合力减弱，从而在外力作用下裂开，它不是该晶体固有的性质，因而就可能同样是刚玉晶体，有的就有裂理，有的就没有。由于常有裂理，所以蓝宝石也是怕撞击的。

光泽：玻璃光泽到准金刚光泽，比钻石弱。

折射率和双折射率：刚玉是双折射矿物，也叫光性非均质体。最大折射率1.770，最小1.762，双折射率不大，仅0.008～0.009。

多色性：刚玉是非均质矿物，因而具有二色性（晶体光学中也叫多色性）。刚玉的多色性中等。其中，红宝石表现为紫红/橙红，蓝宝石表现为紫蓝/绿蓝。

——地学知识窗——

多色性

对于非均质矿物，光线进入晶体会有两条互相垂直的折射光，这两束光的颜色是有差异的，用偏光显微镜或者简单的叫"二色镜"（仪器原理同偏光显微镜）的小型仪器就可以看出颜色的差异。

发光性：红宝石在紫外灯下可以发红色荧光，蓝宝石通常不发光。

导热性：蓝宝石也是非金属矿物中导热率较高的，是尖晶石的2.6倍，玻璃的25倍左右。

3. 化学性质

刚玉的化学性质稳定。在空气中经久不变，常温下不溶于酸、碱。在800℃～1 000℃的硼酸液中可溶，溶于沸的300℃的硝酸液。

三、红宝石、蓝宝石分类及品质评价

1. 红宝石、蓝宝石分类

和其他彩色宝石一样，红宝石和蓝宝石常常用产地表示商业品级。尽管有些原产宝石的国家已更改国名，但珠宝行业中有时仍沿用旧名。

红宝石依据产地主要可分为缅甸红宝石、锡兰或斯里兰卡红宝石、暹罗或泰国红宝石、非洲红宝石等。

蓝宝石主要可分为克什米尔蓝宝石、缅甸或东方蓝宝石、锡兰或斯里兰卡蓝宝石、泰国或暹罗蓝宝石、蒙大拿蓝宝石、非洲蓝宝石、澳大利亚蓝宝石等。

2. 红宝石、蓝宝石品质评价

上述蓝宝石的商业品种划分，在实际宝石贸易及质量评价中使用起来不太方便，有时甚至会引起混乱。因此，国际上（主要是东南亚国家）又依据宝石的评价因素对红宝石、蓝宝石作了进一步分级和分类。

红宝石和蓝宝石的质量评价主要依

据颜色、重量、透明度、净度。

缅甸根据红宝石、蓝宝石的颜色、透明度、包体含量、裂隙发育程度将其各自分成4类12级（表4-5和表4-6）。其中，D类红宝石已接近属于粉红色蓝宝石的颜色。

曼谷亚洲宝石研究所对红宝石和蓝宝石的分类见表4-7和表4-8。

表4-5　　　　　　　　　红宝石分类分级（缅甸）

类别	级别	说明
A类	A+、A、A-	鸽血红色、透明、少包裹体、无裂纹
B类	B+、B、B-	鸽血玫瑰红色、透明、少包裹体、无或少裂纹
C类	C+、C、C-	玫瑰红色、透明、少包裹体、少裂纹
D类	D+、D、D-	浅玫瑰红色、透明、少包裹体、少裂纹

表4-6　　　　　　　　　蓝宝石分类分级（缅甸）

类别	级别	说明
A类	A+、A、A-	天鹅绒蓝色、透明、少包裹体、无裂纹
B类	B+、B、B-	深蓝色、透明、少包裹体、无或少裂纹
C类	C+、C、C-	蓝色、透明、少包裹体、无或少裂纹
D类	D+、D、D-	浅蓝色、透明、少包裹体、无或少裂纹

表4-7　　　　　　　　　　　　　　　　　红宝石分类分级

类型	A型	B型	C型	D型	E型
颜色	红	品红	橙红	黑红	品红-朱红
色彩	①纯红色，局部微带红、棕红；②未受光照处带黑，但不如①型	品红，刻面紫红或橙红	微带橙色的红色，桌面上（垂直c轴）也如此	①纯红；②未受光照处几乎全黑	紫色成分较B型多
色调	高于D型				色调较轻
紫外荧光	微弱	强于A、D型		最弱，色暗	最强
包裹体			常含羽状包裹体（液相）或绺细针包体		
产地	泰国、柬埔寨	泰国、柬埔寨	泰国、柬埔寨、缅甸、肯尼亚、阿富汗	泰国、柬埔寨	缅甸、斯里兰卡（未见于泰国、柬埔寨）

表4-8　　　　　　　　　　　　　　　　　蓝色蓝宝石分类

类型	A型	B型	C型	D型
色彩	①皇家蓝，近紫罗兰色，比C型色深；②未受光处暗或黑色；③无墨水蓝色	①深蓝，似A、D型；②略带乳白或丝绢光泽	①纯矢车菊蓝；②色调比A型浅	①墨水蓝，色调很暗；②常带绿色反光
色带		明显	明显	多见六边形色带
包裹体		微细物包裹体或呈云雾状纤细针状包体		
谱线				明亮铁谱线（451.5 nm、460 nm、470 nm）
产地	缅甸、斯里兰卡、柬埔寨拜林	泰国、克什米尔、印度	斯里兰卡、美国蒙大拿、澳大利亚	澳大利亚、泰国、柬埔寨拜林、尼日利亚、中国

一般地说，颜色纯正、颗粒大、透明、无或极少包裹体与瑕疵、无或极少裂纹、加工精细、各部分比例匀称的红宝石、蓝宝石应属上品。

从颜色上看，红宝石以A类（鸽血红色）最佳，其次是B类（鸽血玫瑰红色），再次是C类（玫瑰红色），最后是D类（浅玫瑰红色）。除了A～D类的一般性比较，还应根据各主要产地的特点仔细比较。如缅甸的鸽血红红宝石在日光下显荧光效应，因此各刻面均呈鲜艳红色，熠熠生辉；泰国产红宝石在日光下无荧光效应，因而只是光线直射的刻面呈鲜红色，其他刻面则发黑；斯里兰卡红宝石色虽浅，但颗粒一般较大，颜色也很鲜艳，不像泰国红宝石那样出现黑色。

红宝石的最佳颜色在垂直于晶体c轴的方向，习惯上将此方向作为宝石的冠面（桌面、台面），若加工时出现偏差，冠面不与c轴垂直，就显不出红宝石特有的色彩，从而影响其价值。星光也出现在此方向，若切割偏离，则星线不正或者不显星光。

蓝宝石A类的代表是克什米尔蓝宝石（矢车菊蓝色）；其次是以缅甸抹谷产的深蓝色优质蓝宝石为代表B类；然后是柬埔寨、斯里兰卡产的相当于C+的优质蓝宝石以及与C、C-相当的一般品种；泰国产深蓝色优质蓝宝石可达B或C类，少数为A类；美国蒙大拿州、澳大利亚以及中国山东昌乐产的蓝宝石，多数品级较低，大致是C、D类。（蓝色蓝宝石品质按产地划分顺序大致是：克什米尔、缅甸抹谷、柬埔寨拜林、斯里兰卡、泰国、美国蒙大拿、中国山东昌乐、澳大利亚新南威尔士）

以上A～D的类型划分在国际珠宝市场上应用较多，因而也较具有代表性。但是其中哪一种更名贵，却和消费者的文化背景、消费习俗等很多因素有关，就看消费者个体更偏爱哪一种了。

3. 其他颜色蓝宝石

蓝色以外的蓝宝石，可称为艳色蓝宝石。几乎所有其他颜色的蓝宝石都可见到（图4-14）。

▲ 图4-14　各种颜色蓝宝石

（1）黄色蓝宝石：也称金色蓝宝

石，是一种很珍贵的宝石，一般呈浅至中等色调的微棕黄色。价格非常昂贵的金黄宝石，曾被称为东方黄宝石、黄宝石王或黄宝石帝。

（2）深橙色至橙红色蓝宝石：很少见，价格昂贵。许多鉴赏家认为它是所有宝石中最漂亮的。由明显浅色到中等色调的微粉红色至橙色到粉红至橙红的蓝宝石，颜色颇似红莲，常被叫作帕德马蓝宝石。斯里兰卡人很喜欢这两种颜色的宝石，故极少出口其他国家，进入国际市场。

（3）绿色蓝宝石：澳大利亚或泰国产的黑蓝色蓝宝石经切割后呈现绿色，作为绿色蓝宝石出售。一种罕见的被误称为东方祖母绿浅绿色蓝宝石很受一些人的喜爱，但其色泽很难与祖母绿媲美。

（4）紫色蓝宝石：通常称为紫晶蓝宝石，或被误称为东方紫晶。微红至紫色者常被称为梅红蓝宝石，又被误称为红宝石。

（5）粉红色或玫瑰色蓝宝石：凡粉红色色调太浅而不能称为红宝石者，通常叫作粉红色蓝宝石。其中有些很美丽，且价格适中，颇受消费者欢迎。

（6）微绿浅蓝色蓝宝石：常被称为东方海蓝宝石或海蓝宝石。二者皆为不正

确命名。

（7）褐色蓝宝石：一般不透明。若含细针状金红石包体，可切磨成星光蓝宝石。透明的褐色蓝宝石极少见。柬埔寨出产中等色调、美丽透明的褐色蓝宝石。

（8）无色蓝宝石：或称白色蓝宝石，多年来被用作钻石的赝品，特别是制作尺寸比戒指大的珠宝饰物。斯里兰卡产一种称为久达（Geuda）的蓝宝石（图4-15），白色居多，加热处理后往往可变成蓝色。久达是一种半透明乳白色刚玉，常附有奶状、烟雾状色带以及紫色色块或丝光。起初，斯里兰卡人只将其作为花园铺路石等用。70年代末，泰国大量购进久达，将其加热改色，制成蓝色或艳色

▲ 图4-15　斯里兰卡Geuda蓝宝石

蓝宝石，获利颇丰。1980年斯里兰卡获悉此事，国家宝石公司就严格限制外商入境做久达生意，并开始在本国加工改色。根据原石质地不同，久达可加工成不同品级的宝石。

（9）变色蓝宝石：通常又称为似金绿玉蓝宝石。在日光下呈蓝色，夜间在灯光下呈微红色或紫红色。当变色不明显时，会有损于该宝石的色彩，使其变得不够鲜艳。有些罕见的蓝宝石，能在日光下显美丽的蓝色，灯光下变为令人赏心悦目的红紫色，非常珍贵。

四、红宝石、蓝宝石的用途

红宝石、蓝宝石除了作为宝石制成饰品外，还有许多重要的工业用途。

作为一种重要的技术晶体，刚玉已被广泛地应用于科学技术、国防与民用工业的许多领域。蓝宝石晶体具有优异的光学性能、机械性能和化学稳定性，强度高、硬度大、耐冲刷，可在接近2 000℃高温的恶劣条件下工作。蓝宝石晶体具有独特的晶格结构、优异的力学性能、良好的热学性能。

刚玉也被广泛应用于红外军事装置、卫星空间技术、高强度激光的窗口材料。成为实际应用的半导体GaN/Al_2O_3发光二极管（LED）、大规模集成电路SOI和SOS及超导纳米结构膜等最为理想的衬底材料。

刚玉可用于半导体照明产业，如LED，LED能使发光效率提高近10倍，寿命是传统灯具的20倍以上，兼有绿色、环保等优点。目前能用于商品化的衬底只有两种，即蓝宝石和碳化硅衬底。目前，全球80％的LED企业采用蓝宝石衬底，其原因是碳化硅价格昂贵。

刚玉在民用航天、军工等领域也得到了广泛应用，如透波窗口、整流罩、光电窗口、护板、陀螺、耐磨轴承等部件。军用光电设备，如光电吊舱、光电跟踪仪、红外警戒系统、潜艇光电桅杆等。

蓝宝石晶体在民用领域的应用，如条码扫描仪的扫描窗口，永不磨损型雷达表的表蒙，纺织工业的纤维导丝器，照相机外护镜头，耐磨轴承。

五、红宝石、蓝宝石的成因

人们最初是在河床中，山谷冲积或坡积地带发现红宝石、蓝宝石的。这些刚玉宝石砂矿均来自原生矿床。

人们通过研究认为原生刚玉宝石产自高温和富铝缺硅环境中，并应具有铁、钛元素的地质地球化学条件。刚玉宝石是在地球深部高温条件下，结晶初期从氧化铝过饱和的基性岩浆熔融体中形成的。

目前，全球发现的刚玉宝石矿床主要有如下类型：

1.岩浆型

产于喷出的玄武岩或侵入的煌斑岩中。是蓝宝石的主要成因类型。典型矿床如澳大利亚新南威尔士州蓝宝石矿、我国山东昌乐蓝宝石矿床（**玄武岩**）及美国蒙大拿州朱季河上游的约戈谷矿床（**煌斑岩**）。

碱性玄武岩中的蓝宝石多呈强熔蚀状小晶体，分布很不均匀，含量低，但是它是形成大型蓝宝石冲积砂矿的最主要源岩，这类原生蓝宝石主要赋存在新生代碱性玄武岩中，蓝宝石呈浑圆熔蚀状微斑晶或捕房晶产出，与锆石、石榴石、尖晶石、磁铁矿等矿物伴生。含蓝宝石的碱性玄武岩低SiO_2，高TiO_2，多构成岩颈、火山口和小岩体。因此，有的学者认为碱性玄武岩中的蓝宝石是上地幔中氧化铝过饱和、氧化硅不足的熔融体在岩浆通道中直接结晶的产物。

形成于碱性基性煌斑岩中的蓝宝石，呈斑晶均匀分布于岩石中，围岩为隐晶质方沸碱煌斑岩。与蓝宝石伴生的

——地学知识窗——

玄武岩、煌斑岩、矽卡岩

玄武岩：一种基性喷出岩（火山岩的一种）。矿物成分主要由基性长石和辉石组成，次要矿物有橄榄石、角闪石及黑云母等，岩石均为暗色，一般为黑色，有时呈灰绿以及暗紫色等。呈斑状结构。气孔构造和杏仁构造普遍。

煌斑岩：为一种浅成岩，通常颜色较深，含有由暗色矿物组成的斑晶，在肉眼观察时，其标本闪闪发光，因此而得名。其组成成分多为长石和与斑晶相同的暗色矿物，尤其是云母。

矽卡岩：一种变质岩，主要由富钙或富镁的硅酸盐矿物组成的变质岩，一般经接触交代作用形成。矿物成分主要为石榴子石类、辉石类和其他硅酸盐矿物。细粒至中、粗粒不等粒结构，条带状、斑杂状和块状构造。颜色取决于矿物成分和粒度，常为暗绿色、暗棕色和浅灰色，比重较大。

有尖晶石、透辉石、黑云母、磷灰石、锆石等。

2. 伟晶岩型

产于奥长伟晶岩中。典型矿床有坦桑尼亚翁巴河流域及乌鲁古鲁山红宝石、蓝宝石矿床及俄罗斯马卡鲁兹红宝石矿床。蓝宝石晶体嵌于长石斑晶之中，说明蓝宝石是伟晶岩阶段气成热液交代长石的产物。

3. 接触交代（矽卡岩）与气成热液型

产于酸性或碱性岩浆岩（花岗伟晶岩、正长岩、辉长岩）与碳酸盐岩接触带中及超基性岩的交代岩中。该类型多产生优质的蓝宝石。典型矿床有克什米尔蓝宝石矿床（花岗伟晶岩）、斯里兰卡康提城蓝宝石矿床（正长岩）及我国西藏曲水县刚玉矿床（辉长岩）、美国北卡罗来纳刚玉山和库尔萨吉山刚玉宝石矿床（主要是工业磨料级）。

4. 区域变质型

产于大理岩、片麻岩、云母片岩中。该类型产优质红宝石，蓝宝石质量也较好。典型矿床有缅甸抹谷、俄罗斯帕米尔、巴基斯坦罕萨、阿富汗哲阁达列克及我国云南哀牢山红宝石矿床（大理岩中），澳大利亚哈茨山红宝石矿床（斜长角闪片麻岩），斯里兰卡艾拉黑拉、拉特拉普蓝宝石矿床（片麻岩中）及我国新疆

——地学知识窗——

正长岩、辉长岩、片麻岩

正长岩：主要由长石、角闪石和黑云母组成，不含或含极少量的石英。长石中，碱性长石（通常为正长石、微斜长石、条纹长石）约占70%以上。

辉长岩：一种基性深层侵入岩石，主要由含量基本相等的单斜辉石和斜长石组成，此外，尚有角闪石、橄榄石、黑云母等成分。辉长岩为灰黑色，结构为中粒至粗粒，伴生的矿物有铁、钛、铜、镍、磷等。

片麻岩：一种变质岩，而且变质程度深，具有片麻状构造或条带状构造，有鳞片粒状变晶，主要由长石、石英、云母等组成，其中长石和石英含量大于50%，长石多于石英。如果石英多于长石，就叫作"片岩"，而不再是片麻岩。

阿克陶县、内蒙古阿拉善左旗、河北灵寿县、山西孟县、安徽霍山县、陕西汉中及江西的红宝石、蓝宝石（刚玉）矿床（宝石级者少）。

5. 砂矿

由于刚玉具有相当大的稳定性，所以，它常常富集于砂矿中。砂矿是优质红宝石、蓝宝石的主要来源，经济价值比原生矿重要得多（质量及开采成本）。上述各种成因类型原生矿都有相应的次生砂矿。上市的红宝石、蓝宝石主要来自于砂矿的开采（图4-16）。砂矿有残积、坡积和冲积等类型。

🔺 图4-16 蓝宝石砂矿开采现场

六、红宝石、蓝宝石产地分布及世界名品

1. 产地分布

（1）红宝石：红宝石的产地较少，主要包括缅甸、斯里兰卡、泰国、越南、中国和坦桑尼亚等地。

缅甸红宝石（图4-17）：代表最优质的红宝石，即属鸽血红级，透明，颜色均匀，无或极少裂纹和瑕疵的红宝石。西方（欧、美）还惯用东方红宝石称之。该品种主要产于东南亚，如缅甸、泰国、斯里兰卡、越南、柬埔寨等。珠宝界常用鸽血红形容最优质缅甸红宝石的颜色。两个品级较次的颜色是半血色（微暗红色）和法国色或樱桃红色（比鸽血红略浅）。

🔺 图4-17 缅甸鸽血红级红宝石原石

最优质的红宝石几乎均出自缅甸，但缅甸红宝石一词仅作为一个商业品种，而不代表其产地。如果缅甸产的红宝石颜色浅，也不能叫缅甸红宝石；而其他如斯里兰卡、泰国等产出的优质红宝石，达到鸽血红级，也可叫缅甸红宝石。

斯里兰卡红宝石（图4-18）：斯里兰卡旧称锡兰。其红宝石为浅红色、极浅红色或淡紫红色。色调虽浅，但比缅甸、泰国红宝石光亮耀眼，故仍被视为红宝石（按其颜色理应叫粉红色蓝宝石）。

图4-18 斯里兰卡红宝石

其优质品通常比泰国产的优质红宝石价格更高。

泰国红宝石：暹罗是泰国的旧称。其红宝石通常是暗红色至浅棕红色，很少能达到优质缅甸红宝石的质量。但并非所有的泰国红宝石都是颜色比较暗的，其中也不乏颜色鲜亮而质量上乘者。

越南红宝石：越南的红宝石矿是在1983年发现的，该矿所产出的红宝石特点与缅甸红宝石相近。

中国红宝石：中国在发现蓝宝石的同时，陆续在安徽、青海、黑龙江和云南等地发现了红宝石。其中，云南的红宝石

（图4-19）质量较好。云南的红宝石矿床是典型的大理岩型红宝石矿床，与缅甸、越南、泰国等地的红宝石矿床相似，这种类型的红宝石至今仍是全球商业及宝石级红宝石的主要来源。

坦桑尼亚红宝石：坦桑尼亚的Longido和Lossogonoi出产优质淡紫红色翻面等级的红宝石（图4-20），但颗粒较小。肯尼亚Tsavo国家公园的Saul矿，曾出产重达7 Ct的优质大粒红宝石。

（2）蓝宝石：蓝宝石的产地主要有缅甸、斯里兰卡、泰国、澳大利亚、丹麦、中国等。就蓝宝石质量而言，以缅甸、斯里兰卡质量最佳，泰国最差。

缅甸或东方蓝宝石（图4-21）：指极优质的浓蓝或品蓝的微紫蓝色蓝宝石。在人工光源照射下，它会失去一些颜色，并呈现出一些墨黑色。克什米尔蓝宝石无此变黑特点。

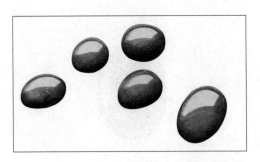

图4-19 云南红宝石

图4-20 坦桑尼亚红宝石

▲ 图4-21 缅甸蓝宝石

▲ 图4-22 斯里兰卡蓝宝石

锡兰或斯里兰卡蓝宝石（图4-22）：通常指暗淡的灰蓝色至浅蓝紫色、具有明显光彩的蓝宝石。当含大量针状、絮状包体时，光彩降低，略呈灰色。色泽往往不均匀（有色带、条纹等）。不过斯里兰卡历史上曾出产过优质蓝宝石，品质属最佳之列。目前，国内市场上还可见到称卡蓝的优质蓝宝石。

克什米尔蓝宝石（图4-23）：是一种不太透明的天鹅绒状、紫蓝色（矢车菊蓝）的蓝宝石。由于不太透明，故给人一种睡眼惺忪的外观感觉，与其他蓝色蓝宝石不同。

泰国或暹罗蓝宝石（图4-24）：在

美国的商业品级中，泰国蓝宝石是指极深蓝色蓝宝石，甚至在日光下，它们的颜色也很深，几乎是蓝黑色的，代表较差的品级。而在英国，暹罗蓝宝石表示品级仅次于克什米尔级的蓝宝石，即指一种蓝色极深而略具天鹅绒状的蓝宝石。

蒙大拿蓝宝石：浅蓝色蓝宝石，透明度好，光泽强。有人描述它具有金属光泽（显然不够确切），呈现钢青色或铁蓝色，超过克什米尔蓝宝石的天鹅绒光彩。产于冲积砂矿中。

非洲蓝宝石：具有各种浅淡颜色，如浅蓝色、蓝紫色、浅紫红色、浅黄色、浅橙色、钢灰色和深棕橙色等。有些非洲

▲ 图4-23 克什米尔蓝宝石

▲ 图4-24 泰国蓝宝石

蓝宝石呈现出金绿宝石的变色现象。

澳大利亚蓝宝石（图4-25）：颜色很深，甚至呈墨黑色，一般具有浓绿色到极深紫蓝色的二色性。透明度差，半透明至不透明，往往带有不受欢迎的绿色调。常有色带和羽状包体。泰国和我国山东昌乐以及其他地方也产类似的蓝宝石。

中国蓝宝石：颜色有深蓝色、蓝色、橙色、浅蓝色、蓝灰色、蓝绿色、绿色、黄绿色、黄色、棕黄色、棕褐色等，着色往往不均匀，二色性明显。昌乐蓝宝石（图4-26）晶形较完整，颗粒大，透明度好，出成率高，是质量较好的蓝宝石。

2. 世界名品

（1）红宝石名品：世界上，蓝宝石的产量比红宝石要大得多，大型宝石级蓝宝石也相对比较常见，世界各地收藏的著名蓝宝石也比较多。部分世界著名红宝石（大于100 Ct）见表4-9。

▲ 图4-25　澳大利亚蓝宝石

▲ 图4-26　山东昌乐蓝宝石

表4-9　　　　　　　　　世界著名红宝石一览表

序号	名称	特点	大小	产地
1	Rosser　Reeves Star（罗斯利夫斯）	星光红宝石	138.70 Ct	斯里兰卡
2	Nawata	深红色红宝石	504 Ct	缅甸
3	De Long Star Ruby（德朗）	星光红宝石	100.32 Ct	
4	爱德华兹	红宝石	167 Ct	

顶级的红宝石比钻石更珍稀，有着无与伦比的魅力和历久弥新的品质。

罗斯利夫斯星光红宝石（Rosser Reeves Star）（图4-27），重达138.70 Ct，是世界上少数的最大颗星光红宝石之一，这枚星光红宝石相比著名的德朗星光红宝石（Delong Star），不仅更干净和透明，而且6条星线也更加锐利。这枚星光红宝石产自斯里兰卡，现收藏于美国华盛顿斯密森博物馆。

卡门·露西娅红宝石（图4-28），重23.1 Ct，镶嵌在一个由碎钻作点缀的白金戒指上，是世界上屈指可数的巨型红宝石戒指。透过这颗深红色的宝石向其内里看去，宛若烟花一般的绚烂光彩，经过棱角的折射后熠熠生辉。

卡门·露西娅像每一个幸福的女人一样爱丈夫，也酷爱红宝石。2002年她第一次听说了这颗红宝石时，就十分向往，希望有机会能谋得一面之缘。但是病魔很快夺去了她的生命——2003年她死于癌症，终年52岁。虽然卡门·露西娅生前并没有拥有这颗红宝石，但是挚爱她的丈夫皮特·巴克完成了她的遗愿。他捐出一大笔钱给斯密逊博物馆用以收购和展出这枚红宝石，并且以妻子的名字作为永远的怀念。

德朗星光红宝石（The DeLong Star Ruby）（图4-29）总重100.32 Ct，圆形素面切割，20世纪初在缅甸发现并被开采。Martin Ehrmann将这枚星光红宝石以21 400美元的高价卖给Edith Haggin DeLong先生，DeLong先生在1937年将这枚巨大的星光红宝石捐赠给了位于美国纽约的自然历史博物馆。

▲ 图4-27 罗斯利夫斯星光红宝石

▲ 图4-28 卡门·露西娅红宝石

▲ 图4-29 德朗星光红宝石

罗克斯堡红宝石套装（图4-30）是19世纪罗克斯堡公爵夫人的心爱之物，包括一条项链以及配套耳环，其中项链制作于1884年，以24枚红宝石和24枚钻石制造并镶嵌金银。首饰套装最终以576万美元成交，创当时红宝石首饰套装最高成交价。

正是由于其珍贵和稀少，很久以前红宝石便作为权力和财势的象征，展开了一段与风骚名士、王公贵族纠结千年的历史。

1936年，英国国王爱德华八世将一条缅甸红宝石项链（图4-31）送给他的情人沃丽丝·辛普森，祝贺其40岁生辰。同年，爱德华八世退位，改封温莎公爵。温莎公爵和夫人用余生诠释了那抹红色里的激情，留下了一段不爱山河爱美人的传奇。

温莎公爵本是威尔士亲王，1936年1月父亲乔治五世驾崩后继位，成为爱德华八世。到了成婚的年龄，爱德华八世却爱上了有过两次婚姻的美国平民沃丽丝·辛普森夫人。他们的爱情引起轩然大波，遭到皇室、国会、教会和几乎整个英国的反对，面对各方的压力，爱德华八世毅然决然地选择了放弃王位。1936年12月，他的弟弟继位，成为乔治六世，而退位后的爱德华八世受封为温莎公爵。1937年，爱德华与沃丽丝在法国结婚，王室无一人到场。然而这段皇室反对、众人关注的婚姻竟然幸福地经历了几十年的风风雨雨，直至1972年温莎公爵去世。后来，温莎公爵夫人在他们共同生活的寓所独守8年。

在欧洲，红宝石更多时候被用来装饰皇冠，代表着无上忠诚，是皇家尊严的象征。英国女王伊丽莎白二世与菲利普亲

▲ 图4-30 罗克斯堡红宝石套装

▲ 图4-31 温莎公爵夫妇和红宝石项链

王大婚时，众多亲友送来大批珠宝庆贺。而新娘的母亲伊丽莎白王后（图4-32）则选择了一套红宝石王冠和项链，作为送给女儿的出嫁礼物。这一刻，红宝石是母亲对女儿的宠爱，是流淌在血液中的浓浓亲情。

▲ 图4-32 伊丽莎白王后

在印度，红宝石被称为ratnaraj或ratnayaka，意思分别是宝石之后及宝石之首。印度的王子们收藏了世间最珍贵的红宝石，如Hyderabad大君Nizamal-Mulk，其纯金打造的王座上缀满了上百颗红宝石，每颗都重达100~200 Ct。

在我国古代宫廷中，红宝石也占据着举足轻重的地位。数代皇后的凤冠上都嵌有大量的红宝石，与蓝宝石、翡翠等共同拼接出龙凤图案。而清代官员的顶戴制

度中则明确规定，亲王以下至一品大员的冠顶均采用红宝石。这一刻，红宝石是天子手中的权杖。

（2）蓝宝石名品：世界蓝宝石的产量比红宝石要大得多，大型宝石级蓝宝石也相对比较常见，世界各地收藏的著名蓝宝石也比较多。

20世纪80年代末，美国的两位业余的石头收藏家史提夫和奇利格，在一处名叫大烟山的地方发现了一块蓝宝石，竟重达4 000 Ct。如果不算传说中曾在斯里兰卡采掘到的重19 kg特大型蓝宝石（因无实物保存，使人怀疑其真实性），这是当今已知最大的一颗蓝宝石了。1995年在澳大利亚昆士兰发现了重2 303 Ct的蓝宝石。后来，这块珍贵的宝石被一位美国艺术家诺曼·马尼斯耗时1 800小时雕琢成林肯总统（图4-33）的头像。雕琢后的重量仅318 Ct。

在世界著名的蓝宝石珍品中，还有现存于美国纽约自然历史博物馆被称为印度之星的星光蓝宝石，重563 Ct。它是仅次于澳大利亚黑星蓝宝石的第二大星光蓝宝石。该馆还藏有一颗名为午夜星光的深紫色星光蓝宝石，虽然仅重116.75 Ct，但品质甚优。另外，美国华盛顿斯密逊博物馆有一颗名为洛根的蓝色蓝宝石，原产斯

△ 图4-33 林肯头像（蓝宝石）

里兰卡，重423 Ct。这里还有两颗大星光蓝宝石，一颗命名为亚洲之星，产自缅甸，重330 Ct；另一颗称为阿大朋之星，产自斯里兰卡，重316 Ct。斯里兰卡国家宝石公司也保存有一颗该国产的星光蓝宝石，重360 Ct。表4-10中列出了部分世界著名蓝宝石。

表4-10　　　　　　　　　　世界著名蓝宝石一览表

序号	名称	特点	大小	产地
1	亚洲之星（Star of Asia）（图4-34）	蓝色星光蓝宝石	330 Ct	缅甸
2	印度之星（Star of India）（图4-35）	蓝色星光蓝宝石	563.35 Ct	斯里兰卡
3	午夜之星（Midnight Star）	深紫色星光蓝宝石	117 Ct	
4	圣爱德华兹（St. Edward's）	优质蓝色蓝宝石		
5	Royal Blue Star Sapphire of Venus	蓝色星光蓝宝石	540 Ct	斯里兰卡
6	Star of Artaban	蓝色星光蓝宝石	316 Ct	
7	洛根蓝宝石（Logan）（图4-36）	蓝宝石	423 Ct	斯里兰卡
8	亚洲奇星（Wonder Star of Asia）	蓝色星光蓝宝石	224 Ct	斯里兰卡
9	斯图亚特（Stuart）	蓝色蓝宝石	104 Ct	

（续表）

序号	名称	特点	大小	产地
10	Rospoli	褐色蓝宝石	135 Ct	
11	Gem of the Jungle	蓝宝石	原石958 Ct	缅甸
12	东方蓝色巨人（Blue Giant of the Qient）（图4-37）	蓝色蓝宝石	486 Ct	斯里兰卡
13	Dake of Devonshire	蓝宝石	100 Ct	
14	圣母之星（Madonna of the Star）	黑色星光蓝宝石	原石1 100 Ct	澳大利亚
15	昆士兰黑色之星（Black Star of Quee-sland）	黑色星光蓝宝石	原石1 165 Ct	澳大利亚
16	艾森豪威尔头像（Eisenhower）	黑色蓝宝石之星	原石2 097 Ct	澳大利亚
17	林肯头像（Lincoln）	蓝色、黑色蓝宝石	原石2 303 Ct	澳大利亚
18	杰弗逊头像（Jefferson）	蓝色蓝宝石之星	原石1 743 Ct	澳大利亚
19	华盛顿头像（Washington）	蓝色蓝宝石之星	原石1 997 Ct	澳大利亚

图4-34 亚洲之星蓝色星光蓝宝石

图4-35 印度之星蓝色星光蓝宝石

△ 图4-36　洛根蓝宝石

△ 图4-37　东方蓝色巨人蓝宝石

七、红宝石、蓝宝石的优化处理及人工合成

1.红宝石、蓝宝石的优化处理

天然红宝石、蓝宝石美丽无瑕者很少，或多或少常有一些这样或那样不尽如人意的地方。为使这些宝石透明度更高、色彩更迷人，人们用各种方法对其处理，提高其品质，满足消费者对稀缺的高品级宝石的需求。

目前，常用的红宝石和蓝宝石改善方法有加热、扩散、辐照、染色、充填、覆膜等。

（1）加热：热处理或焙烧处理优化方法。在远低于刚玉熔点的温度下对其加热，以改变蓝宝石的颜色（去除杂色、邪色，提高、固化优质颜色）、增加其净度（去除瑕疵、提高透明度）。

（2）扩散（渗透或称表面渗透）：一种化学处理方法。在宝石表层加上 TiO_2 等不同的着色剂，在坩埚内加热以改善宝石表层颜色的方法。

（3）辐照：采用γ射线、X射线，高能电子、中子、质子、氚核等高能粒子照射宝石，从而改变宝石颜色的方法（处理方法）。有时辐射与加热配合进行。辐照处理的宝石普遍存在两个问题：一是颜色不太稳定，容易褪掉；二是经放射性辐照后，会残留对人体有害的放射性，需放置一段时间，待残余放射性剂量衰减到人体可承受的程度方可投放市场。

（4）染色：将染色剂和宝石一起在水中煮，以加深或改变宝石颜色的方法（处理）。该法历史悠久。红宝石常用此法处理。因为红宝石裂理多，俗话说十红九裂，易于染色。斯里兰卡人将一种浅黄色蓝宝石与一种树皮、树枝一起在水中煮，可使该宝石变成金黄色，然后加蜡形成保护层。染色宝石的特点是：只在裂隙中颜色较深、浓而鲜艳，远离裂隙则会出现未染色时宝石的原色。有经验的鉴定人员在放大镜下极易识别此特征。

（5）充填：是将石蜡、油、合成树脂等折光率与宝石相近的物质注入裂隙、裂纹明显的宝石中，以提高宝石净度、消除因裂隙造成的光线折射不均等现象的处理方法。并往往同时注入染料以改色。主要用于裂隙多的红宝石。易于鉴别。

（6）覆膜：在宝石表面涂一层有色物质以改变宝石表面颜色和表面性质的处理方法。蓝宝石用得不多。曾在我国市场上出现过无色星彩蓝宝石外涂红色塑料以冒充星彩红宝石的个例。

（7）诱发或改变包裹体：应用电蚀、热处理等方法改变宝石包裹体，以改善宝石颜色的方法，也可归之于热处理。如我国山东蓝宝石的热处理就是使原黑色包体经氧化而达到宝石褪色的。维尔纳叶法合成的蓝宝石经热处理产生裂隙，当裂隙达到宝石表面时，可用此法在该裂隙中产生指纹状包裹体，以假冒天然蓝宝石（二度处理焰熔蓝宝石）。

上述优化处理方法常用的是加热和扩散，其他应用较局限。而诱发或改变包裹体方法的产品容易达到以假乱真（以合成宝石冒充天然宝石）的目的，正逐步得到推广，其产品在国际、我国香港、台湾及大陆珠宝市场上都可以见到。

2. 人工合成红宝石、蓝宝石

天然宝石资源是有限的，而且优质品更是罕见，价格昂贵，加之工业用某些宝石原料量增长极快，因而促使人们探索以人工方法制造宝石，以弥补天然资源的不足。从19世纪末至今的100多年里，几乎所有的珍贵宝石都有了人工合成的产品。

人工合成红宝石、蓝宝石的历史比较长。世界上最早研制出并在市场上销售的人工宝石就是合成红宝石。1837年，法国化学家马克·高登（Marc Gaudin）首次用明矾与重铬酸钾从熔体中结晶出重约1 Ct的红宝石；1877年，曾用天然红宝石粉烧结制成红宝石晶体，但因含杂质过多而导致加工时晶体破裂。直到1904年，法国科学家维尔纳叶（Verneuil）用焰熔法（火焰法）合成红宝石获得成功，可以批量生产。后来，用此法又合成了尖晶石、金红石和钛酸锶。

目前，合成红宝石、蓝宝石的方法

较多，除了焰熔法，还有提拉法（丘赫拉斯基Czochraski法）、水热法和助熔剂法等。合成的红宝石、蓝宝石品质优良，尤其是助熔剂法和水热法，合成条件最接近于自然界的生长条件，因此，用这些方法合成的各种宝石晶体在外部特征及所含包裹体等都与天然宝石晶体相似，几乎可以以假乱真。这些方法的合成品与天然宝石的区分即使在专业鉴定人员面前也是不易解决的难题。

合成红宝石、蓝宝石不仅用作宝石，还有许多其他工业用途。由于其化学性质稳定，硬度高，耐磨损，故用作钟表和各种仪表的轴承。手表的所谓多少钻，就指的是合成红宝石。近年来出现一种号称永不磨损的高级手表，如瑞士雷达表的某些型号，表壳是用钨钛合金粉末烧结后，再用钻石粉抛光而成，硬度超过9。与这样坚硬耐磨的表壳相配的表盘玻璃采用所谓宝石玻璃，其实就是硬度9的合成无色透明蓝宝石。因其硬度高，轻易不会磨毛，故可以长久地保持光亮。

合成红宝石、蓝宝石与天然品的区分，可以从原石形状、色调、净度、包裹体、生长纹等几方面来鉴别，对于焰熔法、提拉法合成的刚玉宝石鉴定比较容易，而水热法尤其是助熔剂法合成的刚玉宝石鉴定起来则相对困难，需要有经验的专业人员来鉴定。

绿宝石之王——祖母绿

一、祖母绿的性质

1. 概念

祖母绿（图4-38）属于绿柱石族宝石，是其中最著名和珍贵的品种，呈翠绿色，由铬和钒的氧化物致色。它的英文名称由古波斯语起源，又由拉丁语转化而成，Emerald即绿色的意思，是最名贵的五大宝石之一。

2. 象征意义

祖母绿是5月份的生辰石。西方的珠宝文化史上，祖母绿被人们视为爱和生命的象征，代表着充满盎然生机的春天。传说中它也是爱神维纳斯所喜爱的宝石，所以，祖母绿又有成功和保障爱情的内涵，

△ 图4-38　祖母绿原石

它能够给予佩戴者诚实、美好的回忆。

3. 主要性质

（1）化学成分：祖母绿是铍铝硅酸盐，化学式为$Be_3Al_2Si_6O_{18}$，含有Cr、V、Fe、Na等微量元素，其中，Cr是主要的致色元素，Cr离子类质同象取代晶体结构中的Al离子，含量通常达0.3%～1.0%。

（2）结晶习性：祖母绿属六方晶系，祖母绿常形成六方柱状晶体，柱面发育有平等柱状的条纹。在柱状体端元发育有六方双锥和平行双面等晶形。

祖母绿的晶体结构中，6个硅氧四面体组成六方环，并叠加成六方管柱状体，管内可含碱性离子如D^+、Na^+、Cs^+等和水分子，当水分子H-O平行于六方柱延伸方向，称为Ⅰ型水；当水分子中氧被碱金属离子吸引，H-O-H与柱状体角度相交时称为Ⅱ型水。

（3）解理：底面不全解理，断口呈贝壳状或参差状（图4-39）。

△ 图4-39　祖母绿解理

（4）硬度和韧性：摩氏硬度为7.25～7.75。祖母绿韧性较差，性脆。

（5）相对密度：2.67～2.78，通常为2.71。

（6）颜色：祖母绿呈翠绿色，可略带黄色或蓝色色调，其颜色柔和而鲜亮。一些产地如巴西的祖弹琴绿有时呈淡绿色。在绿柱石中有些浅绿色、浅黄绿色或暗绿色品种由二价铁致色，称为绿柱石，而非祖母绿。由于祖母绿是铬致色的宝石，通常以是否含有铬元素或具有铬的吸收峰线作为区分绿柱石和祖母绿的标准。

（7）光泽：玻璃光泽。

（8）透明度：宝石级祖母绿通常为透明至半透明。

（9）折射率：不同产地的祖母绿的

折射率和双折射率略微不同，折射率在1.565～1.59之间，通常为1.57～1.58。双折射率通常从0.005～0.009。

（10）多色性：多色性明显，呈蓝绿、黄绿色，有时呈绿、黄绿色。

（11）色散：低，0.014。

（12）发光性：大多数祖母绿在紫外光下无荧光，有时显示淡红色、绿色荧光。哥伦比亚契沃尔矿和姆佐矿的祖母绿可显示较强的红色荧光，而且长波紫外光下似乎比短波紫外光更明显。

（13）查尔斯滤色镜：大多数祖母绿用强光照射，在查尔斯滤色镜下呈粉红色或暗红色，哥伦比亚祖母绿常呈强红色，而印度和南非的祖母绿呈现绿色，这是由于Fe、V等杂质成分抑制荧光。

（14）吸收光谱：红区683 nm、686 nm吸收线明显，662 nm、646 nm显示两个弱线，黄区620 nm、580 nm间有一吸收带，紫区全吸收。

二、祖母绿的分类及品质评价

1. 分类

按特殊光学效应分：祖母绿、祖母绿猫眼、星光祖母绿、达碧兹祖母绿。

按产地分：哥伦比亚祖母绿、俄罗斯祖母绿、印度祖母绿、巴西祖母绿、坦桑尼亚祖母绿、津巴布韦祖母绿、赞比亚祖母绿。

2. 品质评价

（1）颜色：祖母绿最好的颜色是翠绿色或弱的蓝绿色，其次是弱的黄绿色。哥伦比亚出产世界上最好的祖母绿，其中契沃产的祖母绿为蓝绿色，穆佐产的稍带黄色调。巴西祖母绿颜色较浅，价值较低。

（2）净度：祖母绿脆性较强，且包体含量较多，所以一般在肉眼下便可见瑕疵。如果在暗域照明下仔细观察方可见少许瑕疵，则其净度级别就很高了；如果其颜色也很好，则属于难得的珍品了。祖母绿的包体常具有产地意义，而哥伦比亚的祖母绿是具有产地溢价的。

（3）切工：祖母绿最理想的琢形是祖母绿形，瑕疵较多裂隙发育的祖母绿叶常常加工成弧面形。

（4）克拉重：祖母绿一般都较小，尤其是优质祖母绿大多不到1 Ct。

三、祖母绿的成因

祖母绿的产出不需要特别高的温压，但也严格受地质条件的限制，附近需要有Cr的来源。目前所知祖母绿产出的矿床类型有：

1. 热液蚀变超基性岩型

产于受花岗岩侵入交代的蚀变超基

性岩的边缘和接触带内，祖母绿浸染状分布于交代岩石中。巴西、俄罗斯、澳大利亚、南非、津巴布韦、坦桑尼亚、马达加斯加、印度、奥地利、巴基斯坦、埃及以及中国云南的祖母绿矿床均属此类型。

2. 低温热液脉型

典型代表为哥伦比亚姆佐矿。形成温压均较低。产于白垩纪碳质页岩和灰岩的方解石-钠长石脉中。

3. 伟晶岩型

一般工业价值不大。美国北卡罗来纳、挪威的矿床属此类型。另外，巴西、阿根廷、阿富汗、印度、中国也有此类型。

4. 外生的残坡积矿床

祖母绿稳定性较高，也可以形成残坡积砂矿。

四、祖母绿的产地分布及世界名品

1. 产地分布

（1）哥伦比亚：哥伦比亚的祖母绿矿床主要位于安第斯山脉东侧，主要在贝娅卡（Beyaca）和昆迪纳马卡（Cundinamara）省及首府博加塔（Bogata）和昆迪纳马卡（Cundinamara）省及首府博加塔（Bogata）以北地区。其中，木佐（Mnzo）矿和契沃尔（Chiuor）矿是最著名的矿区。

①契沃尔矿：祖母绿产自热液矿脉中，常呈矿囊状产出。晶体蓝绿色，通常显示六方柱及小的六方锥，但晶体常受后期地质作用而破碎，并由于风化作用而脱离母岩散布在矿囊中。

契沃尔祖母绿相对密度为2.69，折射率值为1.571～1.577，双折射率为0.006，在查尔斯滤色镜下显强红色，紫外光下显示红色荧光。大多数祖母绿含有晶形完好的黄铁矿晶体和三相包裹体。

②木佐矿：祖母绿赋存在方解石-白云石脉中，呈简单的六方柱状，颜色为微蓝的翠绿色，带有柔和的外观。相对密度较契沃尔祖母绿高，为2.71，折射率1.584～1.578，双折射率0.006。内含三相包裹体，包裹体外形常呈分叉状或锯齿状，包裹中的固态子晶常带尾状。木佐祖母绿不含黄铁矿晶体，但可见稀有的、黄褐色的斜方晶体氟碳钙铈矿。

（2）巴西：巴西祖母绿（图4-40）发现在Bahia Groias Grerais地区，主要产于云母片岩中。祖母绿的相对密度为2.69，折射率为1.57～1.566，双折射率为0.005。有些巴西祖母绿为浅微黄绿色，给人以绿色绿柱石的印象，由于可见铬的吸收谱线，故仍定名为祖母绿。巴西祖母绿可见二相包裹体、管状包裹体及不规则

△ 图4-40 巴西祖母绿

石云母片岩中。晶体裂隙发育，颜色为带微黄的绿色，小粒颜色优美。相对密度为2.74，折射率为1.588～1.581，双折射率为0.007。典型的内含物是单个或晶簇状的云母片和阳起石针或柱体，阳起石晶体常被裂隙分割成竹节状形态。

（4）印度：印度祖母绿（图4-42）产于Udaipur及Ajmere-Menvara两地的黑云母片岩中，晶体呈六方柱状，半透明至透明。相对密度2.73～2.74，折射率1.59～1.585，双折射率0.007，在查尔斯滤色镜下不变红。典型的内含物由两组通常互成直角的包裹体组成，一组是平行c轴的含气液二相包体的负晶，呈六方柱状空洞，边角有一短柱状特征，其形似逗号。另一组为平行底面的黑云母片状包体。

的空洞，含云母、方解石、白云石、黄铁矿和铬铁矿等矿物包裹体。巴西还有一种伟晶成因的祖母绿，其颜色浅绿，内部较纯净，它的定名存在着争议，因为它主要是钒改色，含极微量的铬，现在也称其为祖母绿。

（3）俄罗斯：俄罗斯祖母绿（图4-41）主要产在乌拉尔山脉的滑石绿泥

△ 图4-41 俄罗斯祖母绿

△ 图4-42 印度祖母绿

（5）津巴布韦：津巴布韦祖母绿产于桑达瓦纳的Mweza河谷内透闪石片岩内，晶体很小，切磨后仅零点几克拉，也曾获1~2 Ct戒面，颜色鲜艳呈深绿色。相对密度2.755，折射率1.593~1.588，双折射率0.007，紫外光下惰性，查尔斯滤色镜下显弱红色。典型的内含物是短柱状、针状、弯曲纤维状透闪石晶体，有时可见色带。

（6）坦桑尼亚：坦桑尼亚祖母绿（图4-43）产于Arusha城西南的Manyara湖岸的花岗伟晶岩和云母片岩中，在伟晶岩中与金绿宝石共生。祖母绿微带草绿色，有时可带蓝绿色，优质的祖母绿晶体小于8 Ct，更大个的晶体总带混浊的雾状包体。相对密度为2.72，折射率1.585~1.578，双折射0.006，查尔斯滤色镜下显粉红色，惰性。宝石内常含有云母片，二相或三相柱状负晶和愈合裂隙。

（7）赞比亚：赞比亚祖母绿产于Kamaknga和Fwaya等地的片岩中，颜色变化从亮绿-蓝绿到暗绿色，常稍带灰色调。相对密度2.75，折射率1.583~1.590，双折射率为0.007。典型的内含物是黑云母碎片、赤铁矿晶体。

（8）中国：中国祖母绿（图4-44）主要产于云南麻栗坡，颜色浅绿色或微带黄的绿色，裂隙发育，内部常含气液二相包体，管状包体和色带。相对密度为2.71，折射率1.588~1.582，双折射率为0.006，紫外光下惰性，查尔斯滤色镜下显微红或无反应。云南祖母绿主要由钒致色，铬微量。

（9）其他产地：世界上其他祖母绿产地还有奥地利的Habach Valley上游，挪威的Akerlls省，巴基斯坦的Swat省，澳大

图4-43　坦桑尼亚祖母绿

图4-44　中国云南祖母绿

利亚的新南威尔士，美国的北卡罗纳州，埃及和马达加斯加等。

2. 世界名品

（1）Devonshire祖母绿：Devonshire祖母绿产于哥伦比亚姆佐。深草绿色，完好的六方柱晶体，柱体直径51 mm，重1 383.95 Ct。因巴西独立后第一位国王葡萄牙王子唐·皮德罗1891年退位回国将其赠予英国六世王子Devonshire而得名。现为大英博物馆收藏。

（2）Patricia祖母绿：Patricia祖母绿产于哥伦比亚契沃尔。颜色纯正透明，完好的六方柱晶体，柱体直径25 mm，柱长63.5 mm，重632 Ct。现为美国纽约自然历史博物馆收藏。

（3）Schettler祖母绿：Schettler祖母绿为印度切磨的87.64 Ct的祖母绿形刻面。现藏于英国自然历史博物馆。

（4）Pooha祖母绿：Pooha祖母绿于1971年在澳大利亚发现并命名。为重118 Ct的祖母绿晶体。

（5）Isabel（伊莎贝尔）祖母绿：Isabel（伊莎贝尔）祖母绿传说是16世纪西班牙征服美洲时掠夺的哥伦比亚祖母绿；1750年西班牙远征的船只遇难沉船，其上有祖母绿，1993年4月在美国打捞了沉船。据报道在沉船中约有954 Ct的祖母

绿原石。

（6）Ellis祖母绿：Ellis祖母绿重276 Ct。藏于美国华盛顿Smithsonian博物馆。该博物馆还有几块命名的祖母绿，产自北卡罗来纳：Shelby，7.05 Ct；Carolina祖母绿，13.14 Ct，1970年发现；Stepher-son祖母绿毛坯，1438 Ct，1969年发现。另有产自哥伦比亚的Gachala祖母绿晶体，858 Ct，被誉为现今最美丽的祖母绿之一。

（7）Kochukey（考楚贝）祖母绿：Kochukey（考楚贝）祖母绿产于俄罗斯，11 000 Ct，藏于俄罗斯费尔斯曼博物馆。

（8）Mogol祖母绿：Mogol祖母绿重217.8 Ct，为美国东海岸一宝石商拥有。

五、祖母绿的优化处理及人工合成

1. 优化处理

和红宝石一样，祖母绿也发育裂隙。已被人们接受的优化方法主要是填充无色的松节油、液状石蜡、丁香油、润滑油及食用油，以弥合裂隙，增加透明度。

处理方法有几种：

（1）填充树脂及玻璃质，以弥合裂隙，增加透明度。

（2）浸有色油和染色，改善颜色或把无色绿柱石染成绿色。

（3）覆膜：起源于涂层，即在无色绿柱石或浅色祖母绿表面涂一层绿色有机质而加深颜色。Lechleiter发明水热法合成祖母绿后，即用该法在要处理的样品表面生长一层约0.5 mm厚的合成祖母绿。

（4）工艺处理：镶嵌祖母绿时，在戒面底部衬一层绿色薄膜或锡箔闷镶。

拼合祖母绿：用胶把两种或两种以上的相同或不同的宝石（其他材料）黏合成一个整体，作为祖母绿。可以是祖母绿+绿柱石（差的祖母绿）、祖母绿（绿柱石）+绿玻璃、石榴石+绿玻璃、水晶+绿色染料+水晶等。鉴别主要是放大观察接合缝、胶中的残留气泡、拼合的上下部分内部特征不连续、不同物质光泽、折光率的差异。

2. 人工合成

100多年来，科学家付出许多努力来人工合成祖母绿。目前，主要使用助熔剂法和水热法合成祖母绿方法。

自1900年法国的Haufeniuille和Prery采用助熔剂法合成祖母绿开始，先后有德国的I.G.Farben（1934年）、美国的C.Chatham（1940年）、法国的Gilson（1964年）用该法合成祖母绿。直到1964年以后，助熔剂法才能批量生产商用祖母绿。

R.Nacken（1928年）、奥地利的Lechleiter（1961年）、美国的Linde（1965年）等人用水热法合成出了祖母绿晶体。

在我国，20世纪70年代，中科院地化所、中科院上海硅酸盐研究所、地科院矿床所等单位先后开展了祖母绿的合成工艺试验和研究。1989年广西宝石研究所用水热法成功生长出宝石级祖母绿晶体，目前产品已投放市场。

目前，市场上合成的祖母绿主要是水热法的产品。

最神秘的宝石——猫眼石（金绿宝石）

一、金绿宝石的性质

1. 概念

金绿宝石（图4-45）是一种铍铝氧化物矿物，化学式$BeAl_2O_4$，具有斜方对称的特征，结构类似于尖晶石。

金绿宝石英文为chrysoberyl，由两部分构成，chryso和beryl，前者来自希腊语shryso，意为金黄色，后者就是绿柱石。这个名称高度概括了金绿宝石的颜色特征，一般是浅茶水色、蜜黄色或绿黄色。

2. 象征意义

在亚洲，猫眼（图4-46）常被当作好运气的象征，深受人们的青睐。人们相信它会保护主人的健康，免于贫困。斯里兰卡人认为猫眼具有预兆妖邪的魔力。

3. 主要性质

化学成分：$BeAl_2O_4$，主要含有的微量元素有Fe、Cr、Ti组分。

对称及形态：斜方晶系（二轴晶）；单晶呈假六方板状或短柱状，晶面上常见平行生长纹，接触双晶和穿插双晶发育，常见六边轮式和膝状双晶和盾形晶体。

颜色：金绿宝石，黄色至黄绿色，

▲ 图4-45　金绿宝石

▲ 图4-46　金绿宝石猫眼

灰绿色，褐色至黄褐色；猫眼，黄色—黄绿色，灰绿色、褐色、褐黄色；变石，在日光下为黄色、褐色或蓝绿色，在白炽灯光下则呈现橙色或褐红色–紫红色；变石猫眼，蓝绿色和紫褐色。

多色性：金绿宝石有三色性，呈弱至中等的黄、绿和褐色。浅绿黄色金绿宝石多色性较弱，而褐色金绿宝石多色性略强。变石的多色性很强，表现为绿色、橙黄色和紫红色。猫眼的多色性较弱，呈现黄–黄绿–橙色。

硬度和比重：硬度一般为8~8.5。比重3.71~3.75，一般3.73。

解理与断口：不完全解理，常现贝壳状断口。

韧性：猫眼韧性极好，其他一般。

透明度：金绿宝石：透明。变石：透明。猫眼：亚透明–半透明。

折射率与双折射色散：折射率1.746~1.755，双折射率0.008~0.010。

滤色镜下：变石发红，其他无反应。

二、金绿宝石的分类及品质评价

1. 分类

（1）金绿宝石：指没有任何特殊光学效应的金绿宝石。

（2）猫眼：具有猫眼效应的金绿宝石称之为猫眼。

（3）变石：具有变色效应的金绿宝石称之为变石。

2. 品质评价

（1）金绿宝石：没有特殊光学效应的金绿宝石，其质量评价主要看颜色、透明度、净度、切工等，这其中，高透明度的绿色金绿宝石最受欢迎，价值也较高。

（2）猫眼：猫眼可呈现多种颜色，其中以蜜黄色为最佳，依次为深黄、深绿、黄绿、褐绿、黄褐、褐色。猫眼的眼线以光带居中，平直，灵活，锐利，完整，眼线与背景要对比明显，并伴有乳白与蜜黄的效果为佳。并以蜜黄色光带呈3条线者为最佳。

（3）变石：最好的变石在日光下呈现祖母绿色，而在白炽灯光下呈现红宝石红色。但实际上变石很少能达到上述两种颜色。大多数变石的颜色是在白炽灯下呈现深红色到褐红色，在日光下呈淡黄绿色或蓝绿色。

三、金绿宝石的成因

原生金绿宝石的形成与上侵的含铍挥发组分的花岗岩熔融体和富含铬组分的超基性岩相互作用有关。为此，原生金绿宝石多产在穿插于超基性岩的含祖母绿云英岩中，地质学者称之为气成热液矿床，同许多祖母绿的形成一样，所有金绿宝石和祖母绿往往生长在一起。

原生金绿宝石形成后，遭受风化剥蚀便成为砂矿，在有利位置富集成矿。著名的斯里兰卡猫眼和变石就是产自砂矿之中。

原生金绿宝石还产于伟晶岩脉中，金绿宝石是熔融挥发组分作用的结果。由于一些可熔矿物的结晶，导致伟晶岩脉的形成。沿着围岩的裂缝和断层形成岩脉，金绿宝石在其中形成孤立的晶体，在伟晶岩脉中与金绿宝石共生的矿物还有绿柱石（包括祖母绿）、碧玺和磷灰石。伟晶岩脉围岩多是古老变质岩（片麻岩），有可能是金绿宝石的源岩。

金绿宝石主要产于花岗伟晶岩中，也在片麻岩、云母片岩中有所发现。规模成矿主要是伟晶岩脉型。

四、金绿宝石的产地分布及世界名品

1. 产地分布

主要产猫眼和普通金绿宝石。产地有巴西、斯里兰卡、马达加斯加和印度。我国新疆阿尔泰、四川阿坝、福建等地也有金绿宝石产出，但无宝石价值。

变石由于要有Cr的来源，需要有超基性岩，主要产于花岗岩附近的蚀变超基性岩中。矿床类型为蚀变交代超基性岩型。主要产地为俄罗斯东乌拉尔。

变石猫眼的唯一产地是斯里兰卡。

2. 世界名品

Maharani（玛克拉尼）猫眼：金绿猫眼，产于斯里兰卡，重58.2 Ct，现藏于美国威士顿自然历史博物馆。

Hope（希望）金绿宝石：破损的黄绿色金绿宝石，椭圆形刻面，透明，重45 Ct，现藏于大英博物馆。

其他还有一些未命名者：

宝石收藏家Hope有一块著名猫眼石，雕刻成象征祭坛的形状，顶上有一支火把，整块宝石呈球状，直径2.54~38.1 cm。

美国自然历史博物馆现存一块重47.8 Ct的优质猫眼石。

大英博物馆收藏两块变石，一块重27.5 Ct，一块重43 Ct。

英国自然历史博物馆存一块74.44 Ct的黄绿色金绿宝石，质量上乘，祖母绿琢形。

我国故宫博物院珍藏猫眼石数十粒（镶在青金石像和金嵌宝石八宝之上），都是无价之宝。

北京首都博物馆藏有李莲英墓中出土的一块猫眼石，重几十克拉，也是无价之宝。

五、金绿宝石的优化处理及人工合成

1. 优化处理

猫眼：采用弧面琢形，要达到好的效果，切磨质量很重要，弧面突起不能过高或过缓。变石：可以采用刻面和弧面各种琢形。变石猫眼：要采用弧面琢形。其他金绿宝石：一般采用刻面琢形。

2. 人工合成

各种方法合成变石的主要物理参数与天然变石的物理性质基本一致。

（1）助溶剂合成变石：助溶剂合成变石主要的特征是面纱状的愈合裂隙和助熔剂的残余包裹体、铂晶片等。早期的助熔剂合成变石中还含有细针状的黑色包裹体，相对较强的红色到橙红色的紫外荧光（长波及短波）等。

（2）提拉法合成变石：提拉法合成的变石通常较为洁净，有时含有未熔的粉末、拉长的气泡和小黑点状的气泡群，紫外荧光也相对较强。

（3）水热法合成变石：水热法合成变石相当少见，物理性质与天然变石无异但折光率常偏低，因Fe的含量较低，也有较强的紫外荧光。内部特征是长条状的气液两相包裹体和多相包裹体。

现在市场上见到的合成变石通常很少有包裹体，因而用红外光谱来区别这些合成品可能更为重要，不同方法合成变石的红外光谱特征与天然变石不同，天然变石具有最强的O-H振动吸收峰（位于32 000波数附近），水热法合成变石缺少这一吸收峰，但有3 000波数附近的吸收峰，而提拉法和助熔剂法的合成变石则没有上述的吸收峰。

Part 5 宝石之星

除了钻石、红宝石、蓝宝石、祖母绿和金绿猫眼等五大宝石之外，还有很多宝石比较常见，主要包括石英族单晶宝石、长石族宝石、托帕石、碧玺、橄榄石、尖晶石、石榴石族宝石、锆石等等。

石英族单晶宝石

石英是自然界中最常见、最主要的造岩矿物，也是应用数量和范围颇大的一类宝石，是最常见、最普通的宝石。在自然界，石英常呈单晶或集合体产出，可呈现晶质、隐晶质等多种结晶形态，其中单晶石英在珠宝界统称水晶（Rockcrystal）。

水晶（图5-1）是石英族宝石中最普通、最常见而又最古老的一种。它的历史源远流长。我国古代称之为水精，并有千年之水化为水精的说法。水晶除了用作宝石之外，还因其所具有的其他物理性质广泛地应用于电子工业和其他领域。

▲ 图5-1 水晶

石英晶体除了无色之外，还有紫色、黄色、粉红色、褐色、黑色甚至绿色等。这些单晶质的石英在宝石学上分别命名为紫晶、黄水晶、芙蓉石、烟晶和墨晶，当含大量的针状和长纤维状包裹体时，也称之为发晶。绿色的水晶特别稀少，现在可以合成绿色的水晶。

一、石英族宝石的基本性质

1. 化学成分

二氧化硅（SiO_2），纯净时形成无色透明的晶体，含微量的杂质元素Fe、Al、Mn等时能使无色石英（水晶）产生颜色，如紫色、烟色、粉红色等。

2. 晶系及结晶习性

石英为三方晶系，常见的晶形为有锥形尖端的六方柱体，柱面横纹发育。石英晶体有左形和右形之分。

常见双晶有日本双晶、道芬双晶和巴西双晶。天然的紫晶常发育有巴西律双晶。

3. 光学性质

（1）颜色：无色（常见）、紫色、黄色、粉红色、不同程度的褐色直到黑色。

（2）光泽：玻璃光泽，断口油脂光泽。

（3）透明度：透明至半透明。无色水晶透明度可达到很高，清澈如水，随着包裹体含量的增加或有色水晶的颜色加深，透明度降低。

（4）光性：非均质体，一轴晶正光性，可有"牛眼"干涉图。

（5）折射率：1.544～1.553，双折射率0.009。水晶的折射率非常稳定，可以作为折射仪的校准样品。

（6）多色性：依不同颜色和深度变化，视品种而定。

（7）色散率：0.013。

（8）发光性：一般不发光。

（9）吸收光谱：无特征谱。

（10）特殊光学效应：猫眼效应和星光效应。

4. 力学性质

（1）解理和断口：无解理，典型的贝壳状断口。

（2）摩氏硬度：7。

（3）相对密度：2.65，非常稳定。

5. 内含物

气液两相包体、负晶、固体包裹体。固态包裹体有金红石、电气石、阳起石、绿泥石等。

6. 其他性质

石英具有压电性和热电性。

7. 产状和产地

石英类单晶宝石主要产于伟晶岩脉或晶洞中，几乎世界各地都有水晶矿的产出。而彩色水晶的著名产地主要有巴西的米纳斯州和吉拉斯州、马达加斯加、美国、俄罗斯、缅甸、中国等。

二、常见品种和特征

根据颜色，可将单晶石英划分成不同的宝石品种：水晶、紫晶、黄晶、烟晶、芙蓉石等；依据特殊的光学效应及内含物又可划分为星光石英、石英猫眼及发晶。

1. 水晶

（1）颜色：无色、淡灰色、淡褐色，部分水晶若经 γ 射线的辐照可形成深褐色，再加热可形成黄色。

（2）内含物：主要为各种包裹体：

①气液两相包裹体有负晶和愈合裂隙。

②晶体包裹体有金红石、电气石、阳起石、赤铁矿、褐铁矿、针状矿等。

③当水晶含有大量微细裂隙时，因裂隙对光的干涉形成晕彩，也称彩虹水晶。

（3）产状产地：水晶多呈单个柱状晶体或晶族产于伟晶岩或其他岩石的晶洞和裂隙中，世界上最大的水晶晶体重达40吨。水晶产地很多，巴西是著名的水晶产地之一，我国广西、湖南、江苏、海南等地都有水晶产出，江苏省东海县既是我国重要的水晶产地，又是水晶集散地。

2. 紫晶

紫色的水晶，颜色从浅紫色到红紫色。紫晶是2月的生辰石，西方传统文化中认为紫晶具有醒酒作用。在西方的宗教中有重要的地位，基督教的圣器都少不了用紫晶加以装饰（图5-2），并且是主教

▲ 图5-2　紫晶饰品

必戴的戒指。

（1）颜色：紫晶的颜色与成分中所含微量的Fe^{2+}或Fe^{3+}杂质元素有关，经辐照作用，Fe^{3+}离子的电子壳层中成对电子之一受到激发，产生FeO_4^{4-}空穴色心，空穴在可见光550 nm处产生吸收而产生紫色。在高温加热情况下，色心会遭到破坏，紫色会完全消退。

（2）多色性：弱到明显，呈红紫色和紫色的二色性。受体色的颜色特征及深浅影响。

（3）干涉图：水晶具特征的牛眼干涉图。天然紫晶大部分有平行于菱面体的聚片状巴西双晶，两相邻的双晶一层属于左旋光性，另一层属于右旋光性，会抵消或部分抵消旋光作用，使紫晶干涉图呈螺旋桨状的黑十字。

（4）内含物：气液两相包体、愈合裂隙、矿物包裹体。所谓的"斑马纹"是紫晶的一种具有深色和浅色交替条纹的愈合裂隙。

（5）产状产地：紫晶产地遍布世界各地，但仍以巴西的紫晶最为著名。赞比亚、马达加斯加也是重要的产地。我国紫晶产地分布在山西、内蒙古、山东、河南、云南和新疆等省区，主要为热液石英脉型和伟晶岩型的矿床，产量较小。

3. 黄水晶

（1）颜色：黄水晶呈浅黄至深黄色，有时也带有其他颜色的色调，如绿色调、褐色调等。由烟晶加热改色成的黄水晶常带有褐色调。

（2）多色性：天然黄水晶弱多色性，为黄/浅黄，由紫晶或烟晶热处理的黄水晶则无多色性。

（3）产状产地：在自然界产出较少，常同紫晶及水晶晶族伴生。市面上流行的黄晶多数是紫晶加热处理而成，常保留紫晶的色带（图5-3）。有意义的黄水晶产地是马达加斯加、巴西、西班牙和缅甸。我国的黄晶产地有新疆、内蒙古、云

图5-3　黄水晶饰品

南等地，产于伟晶岩中。

4. 烟晶（茶晶）

图5-4　烟晶天然晶体及制品

（1）颜色：烟晶（茶晶）（图5-4）呈褐色、深褐色和灰黑的颜色，有时也出现黄褐色调。颜色很深近于黑色的烟晶也可称为墨晶。烟晶的颜色与紫晶一样归咎于色心，但烟晶色心形成的机制与紫晶略有不同，是因其含有微量的铝（Al^{3+}）离子，在随后的天然辐照作用下形成AlO_4^{4-}空穴色心。烟晶的颜色经加热会褪色，变成无色的水晶。同样，许多无色的水晶可经辐照形成烟晶。

（2）多色性：烟晶具有清晰的多色性，为褐色/红褐色。

（3）内含物：与水晶相似，有各种类型的包裹体，常见有细长的金红石针。

（4）产状产地：烟晶多产于花岗伟晶岩、花岗岩的晶洞和后期的热液矿脉中，产地也很多，比较知名的有瑞士阿尔卑斯山、西班牙、马达加斯加、津巴布韦和美国等。我国的烟晶产地有内蒙古、甘

肃、福建、浙江和新疆等地。

5. 芙蓉石

（1）颜色：芙蓉石具淡到浅的红色，较深色的很少见。芙蓉石的颜色是由微量锰（Mn）、钛（Ti）引起的，颜色略深的芙蓉石有明显的多色性（图5-5）。芙蓉石的颜色不太稳定，在空气中加热到570℃可褪色。在阳光下暴晒颜色能变淡，但置于水中颜色稍有恢复。芙蓉石常呈半透明至亚半透明，偶见透明。

（2）结晶特点：芙蓉石很难称得上单晶，极少见到发育有晶面的芙蓉石晶体，常为镶嵌状的巨晶集合体。1960年发现了芙蓉石的小晶体，具有共存的左形和右形的菱面体组成的假六方锥的特征。

（3）产状产地：芙蓉石产于伟晶岩，储量非常丰富，产地也很普遍，最著名的产地是巴西、马达加斯加、美国等，我国的芙蓉石主要产于新疆。

6. 发晶

发晶是指含有大量或较多的肉眼可见的晶体包裹体的单晶石英，大多数发晶通常是无色透明的，但也有很多的发晶带有浅到明显的色调。最多见的发晶是金红石发晶，其他常见或较常见的发晶还有碧玺发晶、石榴石发晶、角闪石发晶、透闪石发晶和绢云母发晶等。

这些包裹体使水晶显得非常美丽。如果包裹体排列成花状或某种对称的图案，这种水晶可作为十分名贵的装饰石（图5-6）。

⬆ 图5-5　芙蓉石戒指

⬆ 图5-6　发晶饰品

7. 石英猫眼

石英猫眼（图5-7）在古代又称为勒子石。石英猫眼外观上与猫眼相似，可具有精美的猫眼状光带，通常为半透明，浅灰到灰褐色，也可带有黄和绿的色调。猫眼效应是由于含有细密的平行排列的管状包体或者金红石针所致。石英猫眼的主要产地有斯里兰卡、印度和巴西。

8. 星光石英

具有星光效应的石英主要见于芙蓉石，有时也见于无色的及淡黄色的星光石英。星光石英呈六射星光，但星彩不明显，可显示透射星光现象，星光是由于定向排列的细小金红石针所引起的。我国的星光石英主要产于新疆阿尔泰地区。

三、石英族宝石质量评价

单晶石英类宝石价值取决于颜色、透明度、大小和净度。以颜色纯正，浓度较高，内部无瑕为好。种类上紫晶最贵，其次为黄晶、烟晶、水晶和芙蓉石。

长石族宝石

长石是一个重要的宝石家族，品种繁多，凡是颜色漂亮，透明度高的均可用作宝石，重要的品种还有特殊的光学效应，如月光石（图5-8）、日光石和拉长石等。

长石属硅酸盐矿物，产出十分广

▲ 图5-8　月光石

泛，它大约占地壳重量的50%，占地壳体积的60%，是一种最重要的造岩矿物。

一、长石的基本性质

1. 矿物名称

长石族在矿物学上常分为钾长石、斜长石、钡长石3个亚族，与宝石学相关的主要是前两类。

2. 化学成分

长石的成分为Na、Ca、K和Ba的铝硅酸盐。长石的一般化学式为$XAlSi_3O_8$，其中X为Na、Ca、K、Ba以及少量的Li、Rb、Cs、Sr等，它们为离子半径较大的一价或二价碱金属离子。

宝石级的长石主要包括在钾长石（Or）、钠长石（Ab）、钙长石（An）三种端员成分组成的混溶矿物，其中，钾长石和钠长石在高温条件下形成完全类质同象，构成钾长石系列，钠长石和钙长石也能形成完全类质同象，构成斜长石系列，而钾长石和钙长石几乎不能混溶。

钾长石系列：分为正长石、透长石、微斜长石和歪长石。

斜长石系列：分为钠长石、奥长石、中长石、拉长石、培长石和钙长石。

3. 晶系与结晶习性

正长石、透长石为单斜晶系，其他为三斜晶系。

长石通常呈板状、短柱状，双晶普遍发育，斜长石发育聚片双晶，钾长石发育卡氏双晶和格子状双晶。

4. 光学性质

（1）颜色：长石通常呈无色至浅黄色、绿色、橙色、褐色等；长石的颜色与其中所含有的微量元素（如Rb、Fe）、矿物包体或特殊光学效应有关。

（2）光泽及透明度：透明至不透明；抛光面呈玻璃光泽；断口呈玻璃至珍珠光泽或油脂光泽。

（3）光性特征：非均质体，二轴晶，正光性或负光性。钾长石一般为负光性；斜长石中的钠长石和拉长石为正光性；其他为正光性，也可以是负光性。

钾长石折射率为1.518～1.533，双折射率为0.005～0.007。斜长石折射率为1.529～1.588，双折射率为0.007～0.013。

（4）多色性：多色性一般不明显，黄色正长石及带色的斜长石可显示不同的多色性。

（5）发光性：紫外荧光灯下呈无至弱的白色、紫色、红色、黄色、粉红色、黄绿色、橙红色等颜色的荧光。

（6）吸收光谱：吸收光谱无特征。黄色正长石具420 nm、448 nm宽吸收带。

5. 力学性质

（1）解理及断口：长石具有两组夹角近90°的完全解理，有时还可见不完全的第三组解理。长石断口多为不平坦状、阶梯状。

（2）硬度：摩氏硬度为6～6.5。

（3）相对密度：2.55～2.75。

6. 典型的内含物

长石的内含物主要有少量固态包体和双晶纹。月光石中常有蜈蚣状包体、指纹状包体和针状包体。天河石常见网格状色斑。拉长石常见双晶纹，可见针状或板状包体。日光石常见具有红色或金色的金属矿物片状包体。

7. 特殊光学效应

月光效应、晕彩效应、猫眼效应、砂金效应、星光效应。

二、长石族宝石品种及特征

长石中重要的宝石品种有正长石中的月光石，微斜长石的绿色变种天河石，斜长石中的日光石、拉长石等。

1. 月光石

月光石得名于月光效应，常为无色、白色和红褐色等，透明或半透明。

相对密度2.55～2.61，折射率1.518～1.526，双折射率0.005～0.008。无特征的吸收光谱；在长波紫外光下呈弱蓝色的荧光，短波下呈弱橙红色的荧光。

内部包体一般比较有特征。有似蜈蚣状包体，还有空洞或负晶。如月光石内含有针状包体，可有猫眼效应。

2. 正长石

正长石（**图5-9**）的主要成分为$KAlSi_3O_8$，常含有一定量的$NaAlSi_3O_8$，有时可达20%。正长石因含铁而呈现浅黄色至金黄色。

正长石的相对密度2.57，折射率1.519～1.533，双折射率0.006～0.007，在蓝区和紫区具铁吸收光谱，有420 nm处吸收带、448 nm处弱吸收带和近紫外区的375 nm强吸收带。长、短波紫外光下均呈弱橙红色荧光。

▲ **图5-9 正长石**

3. 冰长石

冰长石（**图5-10**）为钾长石的低温

变种，化学成分为$KAlSi_3O_8$，其中，Na的含量比一般钾长石低，属于三斜或者单斜晶系。晶体为柱状，通常无色，有时乳白色，透明。

冰长石硬度6～6.5，相对密度2.55～2.60，折射率1.518～1.526，双折射率0.006，二轴晶，负光性。

▲ 图5-10　冰长石

4. 透长石

透长石（图5-11）的化学成分为K

▲ 图5-11　透长石

$AlSi_3O_8$，其中常含有较多的Na，最高达60%，为钾长石中稀有品种。常见颜色有无色、粉褐色，透明或半透明。

5. 天河石

天河石（图5-12）是微斜长石的一个品种，成分为$KAlSi_3O_8$，含有Rb和Cs，一般Rb_2O的含量为1.4%～3.3%，Cs_2O为0.4%～0.6%。半透明，体色浅蓝绿色至艳蓝绿色。常有白色的钠长石的出熔体，而呈条纹状或斑纹状绿色和白色。常见聚片双晶。

天河石的相对密度为2.56，折射率为1.522～1.530，双折射率为0.008。无特征吸收光谱，长波紫外光下呈黄绿色荧光，短波下无反应。

▲ 图5-12　天河石

6. 日光石

日光石又称日长石、太阳石（图

5-13），属钠奥长石。含有大量定向排列的金属矿物薄片，如赤铁矿和针铁矿，能反射出红色或金色的反光，即砂金效应。常见颜色为金红色至红褐色，一般呈半透明。

日光石的相对密度为2.62～2.67，折射率为1.537～1.547，在紫外光下无反应。

△ 图5-13 日光石

7. 拉长石

拉长石（图5-14）的化学成分为（Ca，Na）［Al（Al，Si）Si$_2$O$_8$］。其

△ 图5-14 拉长石

最主要的品种是晕彩拉长石。当把样品转动到某一定角度时，见整块样品亮起来，可显示蓝色、绿色中的一种颜色辉光，即晕彩效应。或者交替呈现出从绿色到橙红色的辉光，即变彩效应。

晕彩和变彩产生的原因是拉长石中有斜长石的微小出熔体，斜长石在拉长石晶体内定向分布，两种长石的层状晶体相互平行交生，折射率略有差异而出现干涉色。有的拉长石因内部含有针状包体，可呈暗色体色。拉长石的相对密度2.65～2.75，折射率1.559～1.568，双折射率0.009，色散0.012，无特征的吸收谱线。

8. 培长石

宝石级的培长石呈浅黄色、红色。相对密度为2.739，折射率为1.56～1.57，在573 nm处有吸收带。

三、长石族宝石质量评价

长石族宝石的质量评价主要是特殊光学效应、颜色、透明度和净度等。特殊光学效应是评价长石价值的最主要因素。没有光学效应的透明品种商业价值不高。有特殊光学效应的长石，光学效应越明显，其价值越高。

月光石中以无色透明至半透明，具蓝色晕彩者为最好。晕彩拉长石以蓝色波浪状的晕彩者为最佳，其次是黄色、粉红色、红色和黄绿色。

日光石则以金黄色强砂金效应者为最好，同时越透明，价值就越高。颜色黄色到橘黄色、半透明、深色包体，反光效果好者为日光石的佳品。

天河石的颜色以纯正蓝色者为最佳。

石榴子石族宝石

石榴子石（图5-15）是一个复杂的矿物族，其种类已有12个之多，其成员都有共同的结晶习性及稍有差异的化学成分。自然界资源量和宝石的价值有较大的差别，如各种色调的暗红色的铁铝榴石和镁铝榴石都为常见宝石，价值不高；橙色、橙红色的锰铝榴石则较为稀有，有较高的商业价值；绿色的翠榴石和钙铝榴石则是石榴子石家族中的珍贵品种，价值不菲。所以，石榴子石不是一个单独的矿物名称，而是这个家族的总称，对具体的品种须准确定名。

一、石榴子石的基本特征

1. 化学成分

石榴子石族的化学式为$A_3B_2(SiO_4)_3$，其中A为Ca、Mg、Fe、Mn等两价阳离子，B为Al、Fe、Ti、Cr等三价阳离子。在A的位置上含Ca元素时，称为钙榴石系列；在B的位置上为Al时，则称为铝榴石系列。由于化学成分上的变化，将石榴子石分为两大类质同象系列。

（1）铝榴石系列：镁铝榴石、铁铝榴石、锰铝榴石这3个品种之间可以产生完全的类质同象（或3个品种之间可以任意比例混合）。

（2）钙榴石系列：钙铝榴石、钙铁榴石、钙铬榴石这3个品种之间，类质同

图5-15　石榴子石

象发生在钙铝榴石与钙铁榴石，钙铁榴石与钙铬榴石之间。

两个系列的石榴子石之间也发生一定的类质同象作用，例如铁钙铝榴石，就是含有少量铁铝榴石成分的钙铝榴石。

2. 晶系

等轴晶系，属岛状硅酸盐。

3. 结晶习性

常形成菱形十二面体、四角三八面体晶及其聚形。晶面可见生长纹。砂矿中常见浑圆状砾石。

4. 力学性质

硬度：摩氏硬度6.5～7.5。

解理：无解理。

相对密度：3.5～4.3。

5. 光性

均质体，某些可有异常双折射，特别是镁铝榴石-铁铝榴石系列。

6. 多色性

无多色性。

7. 产状

石榴子石族的矿物在地壳中产出普遍，常以晶体形式产于变质岩和火成岩中，也可呈卵石状产于冲积层中。

二、石榴子石族宝石常见品种

石榴子石族矿物能够作为宝石的品种很多，常见的有：

1. 镁铝榴石（Pyrope）

镁铝榴石（图5-16）的商业名为红榴石，也曾被称为火红榴石，因其英文名Pyrope即源自希腊语Pyropos，意为火红的、像火一样，火红榴石名称更能表示宝石的性质和特点。镁铝榴石的成分中总含有铁铝榴石和锰铝榴石组分。铁铝榴石组分用光谱方法能很容易地检测出来，大而纯净、颜色漂亮的镁铝榴石价值昂贵，非常罕见。

▲ 图5-16 镁铝榴石

2. 铁铝榴石（Almandine）

铁铝榴石（图5-17）是一种最常见的石榴石，又称为贵榴石。颜色以深色、暗色居多。由于光泽较强，硬度大，常用作拼合石的顶层。

3. 玫瑰榴石（Rhodolite）

玫瑰榴石（图5-18）这一名称起因

△ 图5-17 铁铝榴石

△ 图5-18 玫瑰榴石

于1989年来自美国科罗拉多州Mason矿山的一种漂亮的玫瑰红色的石榴子石，其折光率1.75～1.76，密度3.84 g/cm³，是镁铝榴石（57%）与铁铝榴石（37%）的固溶体。现在，玫瑰榴石成为含有一定铁铝榴石成分的镁铝榴石的宝石学通用名称，成为石榴子石族宝石的一个品种。但是，对玫瑰榴石所代表的范围，还没有一致的看法，一种观点认为，玫瑰榴石应代表铁镁比为1∶2的含铁镁铝榴石；另一种观点认为，具有贵榴石吸收光谱特征，折射率在1.75～1.78，密度为3.80～3.95的含铁镁铝榴石为玫瑰榴石。

4. 锰铝榴石（Spessartine）

锰铝榴石（图5-19）主要产于花岗岩、伟晶岩以及砂矿中。伟晶岩型的锰铝榴石通常可有很大的晶体，是宝石级锰铝榴石的重要来源。主要产出国有斯里兰

卡、巴西、马达加斯加、缅甸、肯尼亚、美国等，我国新疆阿尔泰、甘肃等地也有发现。

5. 其他石榴子石

石榴子石族矿物除了上述几种宝石外，还包括钙铝榴石（Grossulor）、钙铁榴石（Andradite）和钙铬榴石（Uvarovite）等。

△ 图5-19 锰铝榴石

三、石榴子石的质量评价

石榴子石宝石总体来说属中-低档宝石，但其中的翠榴石因产地稀少、产量很低等原因，优质翠榴石具有很高的价值，可跻身高档宝石之列。

评价石榴子石通常以颜色、特殊光学效应、透明度、净度、质量以及切工为依据。颜色浓艳纯正、内部干净、透明度高、颗粒大和切工完美者具有较高的价值。颜色是决定石榴子石价值的首要条件，翠榴石或具翠绿色的其他石榴子石品种在价格上要高于其他颜色的石榴子石，优质翠榴石的价格可接近或超过同样颜色祖母绿的价格。星光石榴石、变色石榴石的商业价值也很高。此外，橙黄色的锰铝榴石、红色的镁铝榴石和暗红色的铁铝榴石的价格是依次降低的。

友谊之石——托帕石

托帕石（图5-20）是流行的中低档宝石，它透明度好、硬度高、反光效果好。由于托帕石的颜色种类丰富多彩，几乎包含了所有可以想象到的颜色，因此，托帕石颇受人们的青睐，被列为11月份的生辰石。

一、托帕石基本特征

1. 矿物名称

托帕石的矿物名称为黄玉。

2. 化学成分

晶体化学式$A_{12}[SiO_4](F,OH)_2$，含有微量的铬（Cr）、锂（Li）、铍（Be）、镓（Ga）等。

3. 晶系及晶形

斜方晶系。常呈斜方柱状晶形，在晶体的柱面上常有纵纹。晶体有时很大，常常一端为锥，另一端为底面解理造成的平面。

4. 光学性质

（1）颜色：无色、黄、褐黄色、淡蓝色、红色、粉红、绿色等。

（2）光性：二轴晶正光性。

（3）透明度：透明。

（4）光泽：玻璃光泽。

（5）折射率和双折射率：无色、褐色及蓝色托帕石为1.619～1.627（±0.010），双折射率为0.008～0.010。

△ 图5-20 托帕石

（6）色散：低，0.014。

（7）多色性：弱-中。

（8）发光性：在长波紫外光下，蓝色和无色托帕石无荧光或呈很弱的绿黄色荧光。黄色、浅褐色和粉红色托帕石显橙黄色荧光。粉红色托帕石在短波紫外光照射下有明显的浅绿色荧光。

5. 力学性质

（1）解理：具有平行底面的完全解理。加工时应使主要刻面与解理面的夹角大于5°。

（2）摩氏硬度：8。

（3）相对密度：3.53（±0.04）。

6. 包裹体

托帕石中常含气-液包体，并含云母、钠长石、磷灰石等矿物包裹体。

二、托帕石的质量评价

托帕石的质量主要取决于颜色、净度、加工质量和重量等。

1. 颜色

深红色的托帕石价值最高，其次是粉红色，再就是蓝色和黄色，无色托帕石价值最低。

2. 净度

托帕石中常含气-液包裹体和裂隙，含包裹体和裂隙者都会影响其价值。

3. 加工

优质的托帕石应具有明显的玻璃光泽，且加工时要注意，不能使主要刻面与其解理面方向平行，否则难以进行抛光，会影响宝石的价值。

4. 重量

托帕石与其他宝石一样，重量越大者越珍贵。

落入人间的彩虹——碧玺

玺（图5-21）受热会产生电荷，因而矿物学名称为电气石。

碧玺用来做宝石的历史较短，被称为风情万种的宝石。在我国清代的皇宫中，就有较多的碧玺饰物。现在，碧玺是受人喜爱的中档宝石品种，被誉为10月份的生辰石。

图5-21　碧玺

一、碧玺的基本特征

1. 化学成分

碧玺是一种以含硼（B）为特征的复杂的硼硅酸盐，化学分子式为（Ca，K，Na）（Al，Fe，Li，Mg，Mn）$_3$（Al，Cr，Fe，V）$_6$（BO$_3$）$_3$（Si$_6$O$_{18}$）（OH，F）$_4$。

2. 晶系及结晶习性

三方晶系。无对称中心，晶体两端发育不同的单形，一端为单面，一端为锥。晶体常呈浑圆三方柱状或复三方锥柱状，横截面为弧面三角形，柱面常见纵纹。

3. 光学性质

（1）颜色：常见粉红色、绿色、深蓝色、天蓝色、褐色和黑色等。且常见双色分带共生的现象，其分带可与晶体底面平行，也可以形成平行柱面的环带。

（2）透明度和光泽：透明-半透明-不透明。玻璃光泽。

（3）光性特征：一轴晶，负光性。

（4）折射率和双折射率：折射率为1.624～1.644（±0.011，−0.009）；双折射率为0.018～0.040，一般0.018。

（5）色散：低，0.017。

（6）多色性：强到中，取决于体色的色调和深浅。

（7）发光性：一般无荧光，粉红色碧玺在长、短波紫外光下有弱红到紫色的荧光。

（8）吸收光谱：粉红色碧玺在绿区有一窄的吸收带（525 nm），但可被绿区的宽吸收带所掩盖。在蓝区有两条窄带（450 nm和458 nm）。绿色和蓝色碧玺在红区为普遍吸收，在绿区有一强吸收带（498 nm），在蓝区有时有一较弱的吸收带（468 nm）。

（9）光学效应：含大量平行纤维或线状空管的碧玺切磨成弧形宝石后可显示猫眼效应，但是由于管状包体很粗，猫眼效应通常较差。

4. 力学性质

（1）解理和断口：无解理，贝壳状断口。

（2）硬度：7～8。

（3）相对密度：3.06（±0.20，−0.60）。

5. 包裹体

不规则的扁平薄层空隙包裹体，其内常被液体充填，有时还可能被少量铁质充填。常见平行的管状包裹体。

二、主要品种

碧玺按其颜色可分为下列主要品种：

1. 红-粉红色碧玺

由于含锰而呈红到粉红色，多色性明显，呈红色到粉红色。价值最高的为商业称为双桃红的碧玺。

2. 蓝色碧玺

由于含铁而呈蓝色，多色性由明显到弱，呈深蓝色和浅蓝色。

3. 绿色碧玺

由于含铬和钒元素而呈绿色，多色性明显，为浅绿色和深绿色。双折射率高，通常为0.018，最高为0.039。

4. 褐色碧玺

多为镁碧玺，多色性明显，为深褐色到绿褐色。

5. 双色碧玺

往往沿晶体的长轴方向分布的色带（双色、三色和多色），或呈同心带状分布的色带，通常内红外绿时称西瓜碧玺（图5-22）。

△ 图5-22 西瓜碧玺

三、质量评价

碧玺的质量可从重量、颜色、净度、切工几个方面进行评价。

1. 颜色

以玫瑰红、紫红、绿色和纯蓝色为最佳，粉红和黄色次之，无色最次。

2. 净度

要求内部瑕疵尽量少，晶莹无瑕的碧玺价格最高，含有许多裂隙和气液包裹体的碧玺通常用作玉雕材料。

3. 重量

重量越大，价格越高。

4. 切工

切工应规整，比例对称，抛光好。否则，将会影响价值。

太阳宝石——橄榄石

橄榄石（图5-23）是一种古老的宝石品种。古时候，人们认为佩戴用黄金镶制的橄榄石护身符能消除恐惧，驱逐邪恶，并认为橄榄石具有太阳般的神奇力量。橄榄石因其特有的橄榄绿色而得名，以其明亮的黄绿色温柔外观而深受人

△ 图5-23 橄榄石

们青睐，被定为8月份的生辰石，象征幸福和谐。

一、橄榄石的基本特征

1. 化学成分

橄榄石为镁铁硅酸盐（岛状结构），化学式为（Mg·Fe）2SiO$_4$，铁镁呈完全的类质同象，矿物学按Fe含量高低分成6个亚种，即镁橄榄石、贵橄榄石、透铁橄榄石、镁铁橄榄石、铁镁铁橄榄石、铁橄榄石。但是用作宝石材料的橄榄石只有镁橄榄石（含铁橄榄石0～10%）和贵橄榄石（含铁橄榄石10%～30%），作为宝石品种可统称为橄榄石。橄榄石还含微量元素Mn、Ni、Ca、Al、Ti等。

2. 晶系及结晶习性

斜方晶系，晶体呈柱状或厚板状，常见单形有平行双面、斜方柱及斜方双锥。但晶形完好者甚少。晶体常以碎块形式出现。

3. 光学性质

（1）颜色：中到深的草绿色，略带黄的绿色，也称橄榄绿，部分绿黄色，少量的有绿褐色，甚至褐色。色调主要随含铁量多少而变化，含铁量越高，颜色越深。颜色分布均匀，没有色带。

（2）光泽及透明度：玻璃光泽，透明。

（3）光性：二轴晶，光轴角很大（2V=82°～134°），当铁橄榄石分子含量少时为二轴晶正光性，当铁橄榄石分子含量大于12%时变为负光性。

（4）折射率：1.654～1.690，其大小随铁含量增加而增大。

（5）双折射率：0.036，后刻面棱双影明显。

（6）色散：0.020，中等。

（7）多色性：弱，绿到浅黄绿色。

（8）发光性：在长、短波紫外光照射下无荧光、磷光。

（9）吸收光谱：颜色由Fe^{2+}致色，在蓝光区有三条主要吸收带（493 nm、473 nm、453 nm），颜色浅的样品很难观察，通常只能看到493 nm和453 nm的两条吸收线。

4. 力学性质

（1）解理：解理不发育，性脆而易碎。

（2）摩氏硬度：6.5～7，随着含铁量的增加而略有增大。

（3）相对密度：3.28～3.51，一般3.32～3.37（宝石级）。

5. 内含物

常含铬铁矿、铬尖晶石晶体，周围有扁平状应力裂隙环绕，看上去像荷叶，称为荷叶状包裹体。

二、橄榄石质量评价

1. 颜色

橄榄石的颜色要求纯正，以中–深绿色为佳品，色泽均匀，有一种温和绒绒的感觉为好，越纯的绿色价值越高。

2. 净度

橄榄石中往往含有较多的黑色包裹体和气液包裹体。这些包裹体都直接影响橄榄石的质量评价。没有任何包裹体和裂隙的为佳品，含有无色或浅绿色透明固体包裹体的质量较次，而含有黑色不透明的固体包裹体和大量裂隙的橄榄石几乎无法利用。

3. 切工

刻面形，最合适的角度42° 40′。

4. 重量

大颗粒的橄榄石并不多见，大于3 Ct少见，而超过10 Ct则罕见，价值较高。

完美的替身——尖晶石

在尖晶石（图5-24）大类中，用作宝石材料的是镁尖晶石，由于红色的尖晶石酷似红宝石，在历史上曾经一度被认为是红宝石，如英王冠上重170 Ct的黑太子红宝石、重361 Ct的铁木尔红宝石，后来证实都是尖晶石；我国清代一品官员帽子上用的红宝石顶子，几乎全是用红色尖晶石制成的。而一些蓝色的尖晶石被误认为是蓝宝石或者海蓝宝石。

一、尖晶石基本特征

1. 化学成分

化学分子式为$MgAl_2O_4$，其中，Mg^{2+}可被Fe^{2+}、Zn^{2+}、Co^{2+}、Mn^{2+}等类质同象替代，而Al^{3+}可被Fe^{3+}和Cr^{3+}等类质同象替代。

图5-24　尖晶石

2. 晶系及结晶习性

等轴晶系，晶体常呈八面体，有时呈八面体与菱形十二面体的聚形。砂矿中的尖晶石常呈磨圆度较好的卵形。

3. 光学性质

（1）颜色：有红、粉红、紫红、黄、橙、褐、蓝、绿、紫和无色等多种颜色。

（2）光泽与透明度：强玻璃光泽，透明至半透明。

（3）光性特征：均质体。

（4）折射率和双射率：1.718（+0.017，−0.008）。富铬的红尖晶石可高达1.74，镁尖晶石可高达1.77～1.80，镁锌尖晶石在1.725～1.753之间或更高。无双折射率。

（5）多色性：无。

（6）发光性：长波紫外光下：弱至强；短波紫外光下，无至弱。

（7）吸收光谱：红色、粉红色的尖晶石由铬元素致色的，其红区（685 nm、684 nm）具双线，另见一组弱吸收线，构成所谓的风琴管状，在黄−绿区（595～490 nm）普遍吸收，蓝区无吸收线；蓝色尖晶石主要为Fe和Zn致色（钴致色的极为罕见），橙区、黄区和绿区有3条吸收线，在蓝区有两条吸收带。

4. 力学性质

（1）解理：无解理。

（2）硬度：摩氏硬度为8。

（3）相对密度：3.60（+0.10，−0.03）。

5. 包裹体

尖晶石中常可见到小八面体尖晶石、八面体负晶等包裹体，呈点线状式或曲线排列。有时还能见到锆石、磷灰石、榍石等包裹体。另外，还可见到呈星云状分布的气液包裹体。

6. 特殊的光学效应

尖晶石可显星光效应（四射星光、六射星光）和变色效应。

二、尖晶石主要品种

尖晶石常以颜色及特殊光学效应来划分尖晶石宝石的品种，常见的品种有：

1. 红色尖晶石

主要含微量致色元素Cr^{3+}而呈各种色调的红色。其中，纯正红色的是尖晶石中最珍贵的宝石品种，过去常把它误认为是红宝石。

2. 橙色尖晶石

橙红色至橙色的尖晶石品种。

3. 蓝色尖晶石

含有Fe^{2+}和Zn^{2+}而呈蓝色。多数蓝色尖晶石都是从灰暗蓝到紫蓝，或带绿的蓝色。

4. 绿色尖晶石

一般是含Fe^{2+}所致，颜色发暗，有的基本呈黑色。

5. 无色尖晶石

很稀少。多数天然无色尖晶石或多或少带有粉色色调。

6. 变色尖晶石

非常稀少。在日光下，呈蓝色；在人工光源下，呈紫色。

7. 星光尖晶石

这种尖晶石一般呈暗紫色到黑色，数量很少。可呈四射或六射星光，主要发现于斯里兰卡。

三、尖晶石质量评价

尖晶石的质量主要从颜色、透明度、净度、切工和大小等方面进行评价。

1. 颜色

尖晶石最好的颜色是深红色，其次是紫红、橙红、浅红和蓝色。要求色泽纯正、鲜艳。

2. 透明度

越透明，价值越高。

3. 净度

内部瑕疵越少，越干净，价值越高。

4. 切工和大小

尖晶石在切割时，不必过多考虑方向性，尽可能切磨得越大越好，并需要精细抛光。对于大小，超过10 Ct以上的尖晶石是较少的。因此，每克拉价格也比一般尖晶石高一些。

成功之石——锆石

锆石（图5-25）是天然无色透明的宝石中折射率仅低于钻石，色散值很高的宝石，光学效果酷似钻石，是钻石最好的天然替代品。锆石作为12月份的生辰石，象征着成功。

一、宝石学特征

1. 化学成分

锆石的化学成分为$ZrSiO_4$，可含微量的铁（Fe）、锰（Mn）、钙（Ca）、铀（U）、钍（Th）等成分。由于铀（U）、钍（Th）等放射性元素的存在，

▲ 图5-25　锆石

可使锆石的结晶程度有不同程度的降低，而分成高型、中型和低型锆石。

2. 晶系及结晶习性

四方晶系。晶体常呈四方柱、四方双锥状及板柱状。有时可见膝状双晶，也有磨圆或水蚀卵石。

3. 光学性质

（1）颜色：它的颜色种类很多，常见的有无色、蓝色、黄色、绿色、棕色、橙色、红色等，其中无色、蓝色、金黄色常是由热处理产生的。

（2）透明度：透明-半透明-不透明。

（3）光泽：强玻璃-亚金刚光泽。

（4）折射率和双折射率：高型锆石折射率1.925～1.984（±0.040），双折射率0.059；低型锆石折射率1.810～1.815（±0.030），无双折射率。

（5）光性特征：非均质体，一轴晶，正光性。

（6）色散：高，0.039。

（7）多色性：主要限于高型锆石，一般不明显，但热处理产生的蓝色锆石多色性较强，为蓝和棕黄至无色。

（8）紫外荧光性：无到强，不同颜色品种有差异，且荧光色常带有不同程度的黄色。绿色锆石一般无荧光，蓝色锆石有无至中等浅蓝色荧光，橙至褐色锆石有弱至中能强度的棕黄色荧光，红色锆石具中等紫红到紫褐色荧光。

（9）吸收光谱：除红区653.5 nm特征诊断线外，还伴有不同色区多达40条清晰的黑色吸收线。

（10）特殊的光学效应：可具猫眼效应和星光效应。

4. 力学性质

（1）解理和断口

无解理。断口呈贝壳状。锆石性脆，棱线处较容易磨损，甚至较硬的包装纸也会使它产生破损。

（2）硬度

摩氏硬度变化于6～7.5之间，其中，高型7～7.5；低型可低至6。

（3）相对密度

变化于3.90 g/cm³～4.80 g/cm³之间，其中，高型为4.60 g/cm³～4.80 g/cm³，

低型为3.90 g/cm³ ~ 4.10 g/cm³。

5. 内含物特征

锆石可含愈合裂隙及矿物包物体，如磁铁矿、黄铁矿、磷灰石等。

二、锆石宝石主要品种

由于锆石晶体中含有放射性元素U、Th，在其衰变过程中会使晶体结构遭到破坏，根据结晶程度的好坏将锆石划分为高型、中型、低型3种类型。

1. 高型锆石

锆石中的最重要品种。颜色多呈深黄色、褐色、深红褐色，经热处理变成无色、蓝色或金黄色的锆石。该类锆石受辐射少，晶格完整，具有较高的折射率、双折射率，能看到明显的后刻面棱重影现象，相对密度、硬度也较高。

2. 中型锆石

介于高型和低型之间的锆石，是两者的过渡产物。颜色多为带褐的绿色、黄绿色及深红色。在加热至1 450℃时，可向高型锆石转化。

3. 低型锆石

由氧化硅和氧化锆的非晶质混合物组成，其结晶程度低，几乎呈非晶态。该类锆石折射率、双折射率、相对密度和硬度均较低，后刻面棱重影也极不明显。该类锆石常见颜色为绿色、橙色、褐色

等。低型锆石经加热后可重新转变为高型锆石。

三、锆石质量评价

锆石的质量一般从颜色、透明度、净度、切工和重量4个方面进行评价。

1. 颜色

锆石最流行的是无色和蓝色，其中蓝色价值高。优质的锆石在颜色上要求纯正、均匀、色调亮丽。

2. 透明度

优质的锆石要求具较好的透明度。

3. 净度

由于无瑕的锆石供应量较大，所以对锆石的内部净度的要求也较高。无色和蓝色的锆石评价要求是：肉眼观察样品无瑕。特别要观察样品刻面棱线有无磨损，有磨损的锆石需要重新抛光，价值将下降较多。

4. 切工

在评价锆石质量时，切工质量较为重要。一般而言，锆石的切工应重点考虑切磨的比例、方向和抛光程度。锆石之美主要基于锆石具有高折射率、高色散和较强的光泽等，为了充分体现锆石的美，必须精心设计，并严格按照比例切磨、精心抛光，否则会严重地影响其质量。

由于锆石具有明显的多色性，切磨

方向对锆石色调影响较大，切磨时应使台面垂直c轴，以获得最佳的效果；另外，由于锆石具有较大的双折射率，较容易出现后刻面棱重影现象，为获得最佳的亮度，切割时也最好使台面垂直c轴。

5. 重量

市场上供应的蓝色和无色锆石常见从几分到数克拉，超过10 Ct的不多见，特别是颜色好的大颗粒更为罕见，因此，大于10 Ct的优质锆石应为锆石中的珍品。

福海之石——海蓝宝石

海蓝宝石（图5-26）被人们奉为勇敢者之石，并被看成幸福和永葆青春的标志。世界上许多国家把海蓝宝石定为3月份的生辰石，象征沉着、勇敢和聪明。佩戴海蓝宝石能够使人具有先见之明。

图5-26　海蓝宝石

一、海蓝宝石的基本特征

海蓝宝石的颜色为天蓝色至海绿柱石蓝色或带绿的蓝色的绿柱石，它的颜色形成主要是由于含微量的二价铁离子（Fe^{2+}），以明洁无瑕、浓艳的艳蓝至淡蓝色者为最佳。

1. 化学成分

化学式为$Be_3Al_2(SiO_3)_6$，其中含有氧化铍（BeO）14.1%，氧化铝（Al_2O_3）19%，氧化硅（SiO_2）66.9%。

2. 晶系

六方晶系。晶体呈六方柱状，柱面有纵纹。

3. 光学特征

（1）颜色：蓝色、绿蓝色到蓝绿色。

（2）吸收光谱：537 nm、456 nm、427 nm强吸收线。

（3）光泽：玻璃光泽。

（4）透明度：多数透明，少数透明到半透明。

（5）折射率：1.577～1.583（±0.017）。

（6）色散：0.014。

（7）其他：无荧光，一轴晶，负光性。

4. 力学性质

硬度：摩氏硬度7.5～8.0。

解理：一般不完全节理，端口贝壳状至参差状。

相对密度：2.67～2.90。

5. 产地

海蓝宝石主要赋存于伟晶岩矿床-糖粒状钠长石化伟晶岩中，世界上著名的海蓝宝石产地在巴西的米纳斯吉拉斯州；其次是俄罗斯、中国地区。

二、海蓝宝石的质量评价

1. 海蓝宝石的质量评价

海蓝宝石主要从颜色、净度、切工及重量等方面来评价。颜色纯正、无灰色、无二色性，色浓鲜艳者价值最高。有些具有定向包体的海蓝宝石可加工成猫眼效应或星光效应，具特殊光学效应的海蓝宝石价格更高。颜色、净度、切工相同的海蓝宝石，克拉重量越大，价值越高。

2. 海蓝宝石的鉴别

市场上与海蓝宝石相似的宝石主要有托帕石（黄玉）、蓝色锆石、水晶、玻璃及人造尖晶石等。

同蓝色的托帕石相比，虽然两者均有火彩和漂亮的蓝色，但是托帕石的内部及其火彩带有一些黑色，其颜色不如海蓝宝石。

海蓝宝石比蓝宝石颜色浅，蓝宝石呈强玻璃光泽，硬度9远远高于海蓝宝石。因此，这两者还是较易于区分的。人们也可以通过掂重来区分海蓝宝和托帕石。托帕石的一大特点就是密度高，拿在手里感觉较重。如果两串分别是海蓝宝和托帕石的手链，重量差别的感觉会很明显。同时，消费者也可以通过宝石的价格来判断该宝石是海蓝宝石还是托帕石。如果宝石蓝颜色很深且价格不贵，基本不可能是海蓝宝石。

与锆石相比，锆石比重较大，具强色散、外表光芒四射，且可见明显双影。

与玻璃和人造尖晶石相比，海蓝宝石往往有轻微的二色性，而且海蓝宝石内常可见气液二相包裹体。

3. 海蓝宝石的作用

（1）西方人普遍认为，佩戴海蓝宝石能够使人具有先见之明。

（2）海蓝宝石对应人体的喉咙，据说可改善呼吸系统疾病。

（3）可加强表达能力、说服力，不过能量再强大的宝石也只能在长期佩戴中起到引导、辅助的作用。

（4）含地、水、火、风四大元素，据说具有强大的治疗、净化、灵通力量，是最具疗效的水晶。

Part 6 宝石鉴定

尽管我们认识了那么多种宝石，但如何鉴别宝石的优劣和真伪呢？首先是肉眼鉴定：看颜色、看透明度、看光泽、试硬度、观察包裹体等方法会让我们方便快捷地对手上的宝石作出初步鉴定。而要准确鉴定宝石，我们必须借助一些仪器设备。这些仪器能够告诉我们测试样品各类准确的信息，进而对宝石作出综合判定。其中，有便携的放大镜、滤色镜、宝石显微镜、紫外灯，也包括一些大型设备，如X射线衍射分析仪和拉曼光谱仪等。

宝石肉眼鉴定方法

各类宝石的肉眼鉴定方法归纳起来就是一看、二试、三掂、四验。具体鉴定方法主要包括以下几个方面：

一、观察宝石（看）

1.颜色

首先要注意的是观察宝石的颜色。无论是什么宝石，鉴定范围多少随宝石色彩和色调的不同而有所缩小。钻石以无色为最好，色调越深，质量越差。在无色钻石分级里，按钻石颜色变化划分为12个连续的颜色级别，由高到低用英文字母D、E、F、G、H、I、J、K、L、M、N、<N代表不同的色级，D~F是无色级别，G~J是近无色级别，从K往下基本没有收藏意义。具有彩色的钻石，如黄色、绿色、蓝色、褐色、粉红色、橙色、红色、黑色、紫色等，属于钻石中的珍品，价格昂贵。红钻最为名贵。红宝石以鸽血红色最佳，其次是鸽血玫瑰红色，再次是玫瑰红色，最后是浅玫瑰红色。蓝宝石颜色多样，不透明或半透明者多为蓝灰、黄灰或

不同色调的黄色；透明者主要有无色、白色及红、蓝、黄、绿、紫等色。有的蓝宝石具变色。晶体颜色不均匀，多边形色带较发育。祖母绿以绿色带蓝的颜色为佳，绿色带灰者质量较差。猫眼石有各种各样的颜色，如蜜黄、褐黄、酒黄、棕黄、黄绿、黄褐、灰绿色等，其中以蜜黄色最为名贵。

2.透明度

透明度可用于了解宝石的优劣。一般来讲，同一种宝石，透明度越高就越珍贵。透明度还可用于辨别颜色相似但种类不同的宝石。如尖晶石与紫牙乌在颜色上相似，但尖晶石是透明的，有些紫牙乌是不透明或半透明的。红宝石与蓝宝石也是如此。红宝石是透明晶体，而蓝宝石则有透明、半透明至不透明的区分。

3.光泽

宝石的光泽是重要的肉眼鉴定依据，可以大致判断出一个令人满意的折射范围。钻石具典型的金刚光泽，红宝石和

蓝宝石一般为玻璃光泽到准金刚光泽，比钻石弱。其他宝玉石，具蜡状光泽、油脂光泽的玉石抛光面比较差，丝绢光泽说明宝石有许多针状包裹体。具树脂光泽的可能是琥珀，琢弧面形有游彩、半透明、云雾状。呈天蓝色乳白光泽者是冰长月光石。呈珍珠光泽者是钠长月光石。呈黄褐色调蓝色光泽是拉长月光石。在太阳光下闪烁金色耀眼光芒者是日光石。

4. 包裹体

用10倍放大镜观察透明宝石中包裹体的特征，是区分天然与人造品的最可靠方法。天然宝石的包裹体可以是固体、液体、气体，固体多有晶形；人造宝石多数有气泡，旋状纹固体包裹体是合成宝石的夹杂物。

5. 色散

在透明的翻面宝石中，色散强度能为鉴定提供重要的线索。只有钻石、人造立方氧化锆、锆石、金红石、翠榴石、锡石等用肉眼就能看到明显的色散。

6. 断口和解理

解理也是宝石鉴定的依据之一，只有少数宝石有明显的解理，如钻石、黄玉等。红宝石和蓝宝石没有解理，但是有4个不同方向的裂理。由于常有裂理，所以红宝石和蓝宝石也是怕撞击的。

7. 双折射和多色性

用10倍放大镜能看到部分翻型透明宝石棱处的双影，该特性也是鉴定宝石的重要依据。具强双影性质的常见宝石仅有锆石、橄榄石、电气石、金红石。刚玉是非均质矿物，因而具有二色性（晶体光学中也叫多色性）。刚玉是双折射矿物，也叫光性非均质体。最大折射率1.770，最小1.762，双折射率不大，仅0.008。刚玉的多色性中等。其中，红宝石表现为紫红-橙红，蓝宝石表现为紫蓝-绿蓝。部分彩色宝石的二色性，用肉眼就能看到。

二、试硬度

一些外观相似的宝石，只要测试它们的硬度就可以分辨清楚。钻石是已知最硬的自然生成物质，没有什么东西可在钻石上划上痕迹，若能划上痕迹的则绝非钻石。红宝石和蓝宝石摩斯硬度为9，仅次于钻石。可通过刻画进行比较将不同宝石区分开。

三、掂量比重

用手掂量宝石估计其比重，是有经验鉴定者的秘招，要多实践才能掌握。用手掂一掂就能大致估出宝石的比重和重量。红宝石和蓝宝石比重较大，为$3.99 \text{ g/cm}^3 \sim 4.02 \text{ g/cm}^3$，平均$4.00 \text{ g/cm}^3$。

四、观察导热性

在待辨钻石和其他相似物品上同时呼一口气，若是钻石则其表面凝聚的水雾应比其他物品上的水雾蒸发得快，这是因为钻石具有高导热性的原因。红宝石和蓝宝石也是非金属矿物中导热率较高的，是尖晶石的2.6倍，玻璃的25倍左右。

宝石鉴定仪器

一、常规宝石鉴定仪器

除了用肉眼认真观察宝石的特性外，还需借助各种仪器设备对其进行各种测试。

常见的宝石鉴定仪器有放大镜（图6-1）、查尔斯滤色镜、折射仪、宝石显微镜、紫外灯、二色镜、热导仪、分光镜、偏光镜等。

1. 放大镜

放大镜放大倍数越大其像差越明显，大于3倍的单透镜就开始有了肉眼可辨的像差。为了消除像差，要采用双组合镜或者三组合镜。大多数宝石用的10倍放大镜都采用三组合镜。大于10倍的放大镜由于焦距短，景深小，对焦难，并不适用。

放大镜的主要用途：

（1）观察宝石的表面特征

①有关宝石性质的特征：光泽、刻面棱的尖锐程度、表面平滑程度、原始晶面、蚀象、解理、断口特征等。

②宝石加工质量的特征：划痕、破损、抛光、形状和对称性等。

（2）观察宝石内部特征：包括内含

▲ 图6-1 宝石鉴定放大镜

物的形态、数量，双晶面、生长纹、色带、拼合面等。

2. 查尔斯滤色镜

查尔斯滤色镜（图6-2）是一种仅允许透过深红色和黄绿光的滤色片，其作用是使宝石的颜色经过滤色镜的滤色后，色调发生变化，借此识别宝石。见表6-1。

查尔斯滤色镜最初是用来区分祖母绿和其仿制品的，在滤色镜下变红色的是祖母绿，没有变色的是仿制品，故又称为祖母绿镜。

在我国用来识别染绿色翡翠，在滤色镜下变红色的为染色的翡翠。

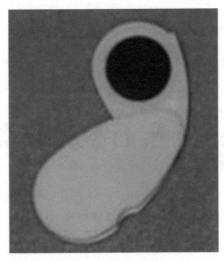

▲ 图6-2　查尔斯滤色镜

表6-1　　　　　　　　常见宝石及合成宝石的查尔斯滤色镜反应

宝石种	灯光下变色反应	日光下变色反应
祖母绿（部分）Ⅱ	浅红-红	橙灰
合成祖母绿（绝大部分）	红	橙
翡翠	黄绿-暗绿	暗绿
染色翡翠（部分）	橙红-红	褐橙
钙铝榴石玉	橙红-红	暗橙
东陵石（含铬云母石英岩）	橙红-红	褐橙
合成蓝色尖晶石	鲜红	暗红
蓝色钴玻璃	鲜红	黑红
海蓝宝石	浅蓝	浅蓝

（续表）

宝石种	灯光下变色反应	日光下变色反应
天蓝色托帕石（改色）	黄绿色	黄灰绿
红宝石（大部分）	浅红-鲜红	红-火红
合成红宝石	鲜红-大红	火红
染色红宝石	红-深红	暗红
红色尖晶石	深红	暗红
红色石榴石	暗红	暗红

查尔斯滤色镜的主要用途：针对绿色、蓝色宝石对某些染色宝石有一定的鉴定作用。

（1）帮助鉴定宝石种：如某些产地的天然祖母绿、东陵石、青金石、独山玉、水钙铝榴石、翠榴石等宝石在滤色镜下变红。

（2）帮助区分某些天然与人工处理宝石：染色翡翠滤色镜下变红。

（3）帮助区分某些天然宝石与合成宝石：天然蓝色尖晶石滤色镜下不变红，合成蓝色尖晶石滤色镜下变红。

3. 折射仪

折射仪（图6-3）是宝石测试仪器中最为重要的仪器之一，可较为准确地测试出宝石的折射率值、双折射率值，并且通过测试过程中折射率变化的特点，还可以进一步确定出宝石的光性，如光轴性质、光性符号等。

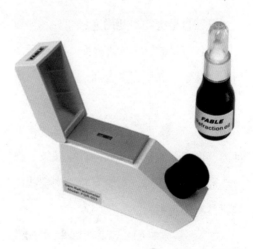

▲ 图6-3 折射仪

121

4. 宝石显微镜

宝石显微镜（图6-4）与放大镜一样，都是通过放大观察宝石的内含物和表面特征。只是显微镜的放大倍数更高，分辨能力更强，是区分天然宝石、合成宝石及仿制宝石的重要仪器。

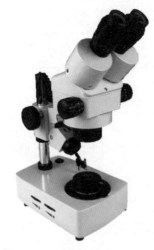

⬥ 图6-4　宝石显微镜

宝石显微镜的主要用途：

（1）检查宝石表面特征：宝石表面划痕、蚀象、破损、拼合面（气泡、光泽差异）等。

（2）观察宝石内部特征：内含物的种类、形态、数量、双晶面、生长纹、颜色色形分布特点等，对含有特殊内含物的宝石具有鉴定意义。

（3）观察刻面棱双影：双折率大的宝石会出现刻面棱重影，根据重影的程度

估计宝石的双折率。这种办法特别对折射率大于1.81的双折射宝石的鉴定具有价值。

（4）测定近似折射率：在显微镜镜体上装上游标卡尺或能精确测量镜筒移动距离的标尺，就可以近似测定折射率。

（5）显微照相：在显微镜上配上照相机，即可进行宝石显微特征的照相，如红宝石中的三组金红石针状包裹体照片（图6-5）等。

⬥ 图6-5　红宝石中的三组金红石针状包体

5. 紫外灯

紫外灯（图6-6）是用来测试宝石是否具荧光和磷光的仪器。有些宝石在紫外线的刺激下会发出可见光，这种现象称为荧光。若关闭紫外灯后，具荧光的物质继续发光，这种现象称为磷光。

紫外灯的主要用途：

（1）作为具有强荧光的宝石品种的辅助鉴定特征，例如红宝石有红色荧光。

图6-6　紫外灯

（2）帮助区别某些天然宝石与合成宝石，例如大多数天然蓝宝石无荧光。

（3）作为鉴别处理宝石的辅助特征，天然翡翠一般没有荧光，有荧光则整体发光。有些拼合石的胶层会发出荧光。充油和玻璃填充处理的宝石中的油和玻璃有荧光。天然黑珍珠有荧光，硝酸银处理的黑珍珠无荧光。

（4）帮助鉴别钻石及仿制品：钻石荧光的颜色和强度变化较大，可呈现不同的颜色，蓝、绿、黄、粉红；强度可呈强、中、弱、无，这一现象对群镶钻石鉴别具有意义。而仿钻材料如群镶时则发出均一性的荧光。钻石的荧光特征也有助于区分天然钻石和合成钻石。

6. 二色镜

二色镜（图6-7）是用来观察宝石多色性的一种仪器。

图6-7　二色镜

二色镜的用途：

（1）区分各向同性与各向异性宝石，如红宝石与红色尖晶石。

（2）确定二轴晶的性质，如堇青石三色性显著（蓝色、紫蓝色、浅黄色）。

（3）确定宝石的多色性颜色和强弱，作为宝石鉴定的辅助特征。

（4）利用光轴方向没有多色性的特点确定双折射有色宝石的光轴方向，指导宝石的切磨加工。如红宝石台面应垂直光轴方向，以便将宝石的颜色最好地显示出来。

7. 热导仪

热导仪（图6-8）是专门为鉴定钻石及其仿制品而设计的一种仪器。宝石中热导率最高的为钻石，其次为刚玉。热导仪正是利用钻石这一热学性质来鉴定钻石及其仿制品的。

▲ 图6-8 热导仪

典型的钻石热导仪由测头与控制盒组成，测头的金属尖端为电加热，当加热的金属尖端触探钻石表面时，温度明显下降，电热传感仪会发出蜂鸣声。

8. 分光镜

分光镜（图6-9）是重要的宝石测试仪器，它利用色散元件（三棱镜或光栅）便可将白光分解成不同波长的单色光，且构成连续的可见光光谱。

分光镜用于观察宝石的选择性吸收和发光性形成的特征光谱，确定宝石的品种，确定宝石的颜色成因，判断宝石是否染色处理、改色处理。

分光镜的用途：

（1）分光镜主要适用于有色宝石，无色宝石除锆石、钻石、顽火辉石外无明显的吸收光谱。

（2）鉴定中仅适用于具有典型光谱的宝石。

（3）显典型光谱的宝石，可作为诊断性鉴定特征。

9. 偏光镜

偏光镜（图6-10）是宝石测试仪器中最为简便的仪器之一，可方便快捷地测定宝石的光性。

（1）测定出宝石是单折射、双折射、异常双折射、双折射集合体或者单折射集合体。

（2）还可以进一步测定宝石的干涉图，确定一轴晶或者二轴晶。

通过旋转宝石360°，观察投射光的

▲ 图6-9 分光镜

▲ 图6-10 偏光镜

变化情况，可以测定宝石的光性，具体操作方法如下：

在偏光镜中转动宝石360°，在此过程中：

①宝石呈全暗，称为全消光，是单折射的宝石。

②宝石呈四明四暗，称为正常消光，一般为双折射宝石。

③宝石呈全亮，称为集合消光，为双折射集合体，如翡翠、玛瑙等。

④宝石呈半亮，是假集合消光，是光线被不透明的颗粒或者粗糙的表面漫射造成的，如半透明的绿色玻璃。

⑤宝石呈出现黑十字（无色圈）、格子状或者斑块状消光和晕彩，称为异常消光，为异常双折射的宝石，如玻璃、石榴石、钻石等。这些宝石是单折射的，但是由于内应力等原因引起内部结构的不均一，便产生了这种异常双折射。

二、宝石鉴定的大型设备

进行宝石学研究和宝玉石鉴定的大型仪器主要包括X射线衍射分析仪、拉曼光谱仪、红外光谱仪、紫外可见分光光度计、电子探针、阴极发光仪等。这些大型仪器设备一般需专业技术人员操作，故在此仅作简要介绍。

1. X射线衍射分析仪

X射线衍射分析仪的工作原理是：由于晶体中原子层相互间隔与X射线的波长相近，X射线在这些原子层间产生衍射后产生的X光图像不同，据此可以进行晶体结构、物相等分析。主要用于细粒至隐晶质、单晶或集合体成分结构物相分析。

2. 拉曼光谱仪

拉曼光谱仪的工作原理是：光照射在物质上，除按几何规律传播的光线之外，还存在着散射光，其中非弹性的拉曼散射光能提供分子振动频率的信息。拉曼光谱能迅速定出分子振动的固有频率，判断分子的对称性、分子内部作用力的大小及一般分子动力学的性质。能无损快速地鉴定珠宝玉石及其内部包体或填充物。

3. 红外光谱仪

红外光谱仪的工作原理是：物质的分子在红外线的照射下，吸收与其分子振动、转动频率一致的红外光。利用物质对红外光区电磁辐射的选择性吸收，对珠宝玉石的组成或结构进行定性或定量分析。

对于薄至中等厚度、透明至半透明的珠宝玉石原料或成品一般采用直接透射法；对于具较大抛光平面的样品一般采用直接反射法；对于规格应符合仪器要求的样品一般采用显微红外光谱法；对于原

125

石、玉石雕件等样品可采用粉末透射法，样品有轻微损耗。

4. 紫外可见分光光度计

用于紫外可见分光光谱分析，工作原理是：不同材料具不同的紫外-可见光可透性，依据材料在紫外-可见光区的吸收光谱，可测定样品的吸收波长、波长范围及吸收强度，对样品中组成成分进行定性或定量分析。

对于薄至中等厚度、透明至半透明的样品采用透射法；对于具较大抛光平面的样品采用反射法，无损耗。

5. 电子探针

又称X射线显微分析仪。利用集束后的高能电子束轰击宝石样品表面，并在一个微米级的有限深度和侧向扩展到微区体积内激发，产生特征X射线、二次电子、背散射电子、阴极荧光等。可定量或定性地分析物质的组成元素的化学成分、表面形貌及结构特征，可有效、无损地分析宝石的化学成分。

6. 阴极发光仪

从阴极射线管发出具有较高能量的电子束激发宝石矿物的表面，使电能转化为光辐射而产生的发光现象，称之为阴极发光。阴极发光仪可无损测定部分天然与合成宝石，如天然与合成红宝石、钻石、祖母绿以及天然与处理翡翠等。

宝石的主要鉴定特征

一、钻石的主要鉴定特征

1. 钻石的鉴定特征

（1）晶面花纹：钻石的表面，特别是在腰棱位置残留的原始晶面上有纹理、蚀象、生长丘等特征。

（2）切磨质量：由于钻石的硬度很大，切磨好的钻石的面棱非常尖锐；多个刻面相交的顶点非常尖锐；刻面非常平整。钻石仿制品则相反，刻面抛光不精致，刻面棱、角圆滑。

（3）透视试验：标准切工的圆多刻面形样品台面朝下放在一张印有字迹或线条的白纸上，视线垂直白纸观察，钻石不会有字、线透过，而折射率低于钻石的仿制品可观察到断断续续的，不同外形的字、线。

（4）解理裂隙：钻石有与解理有关的须状腰、"V"形缺口、羽状纹等，钻石仿制品没有这些特征。

（5）包裹体：天然钻石可含有各种矿物包裹体，而钻石仿制品大多是人工宝石，没有矿物包裹体，而有气泡、针状物等。

2. 钻石及代用品鉴定特征

钻石的仿制品很多，市场上最常见的是合成立方氧化锆、合成氮硅石、合成无色蓝宝石、无色锆石、人造钇铝榴石、人造钆镓榴石、人造钛酸锶等，这些仿制品与钻石在物理性质上有很大的差异，可以从外观特征、简单的仪器测试来识别，各项特征汇总在表6-2中。

表6-2　　　　　　　　钻石及其部分代用品的物理性质

宝石名称	化学成分	晶系	折射率/双折射率	色散	密度（g/cm³）	硬度	其他鉴定特征
钻石	C	等轴	2.417	0.044	3.52	10	导热性好
合成碳硅石	SiC	六方	2.65～2.69/0.043	0.104	3.20～3.22	9.25	针状包体，重影明显，导热性好
合成立方氧化锆	ZrO_2	等轴	2.15	0.060	5.89	8.5	偶见气泡或未熔ZrO_2粉末
人造钇铝榴石	$Y_3Al_3O1_2$	等轴	1.83	0.028	4.58	8.5	洁净，偶见气泡
人造钆镓榴石	$Gd_3Ga_5O_{12}$	等轴	1.97	0.045	7.05	6	气泡
人造钛酸锶	$SrTiO_3$	等轴	2.41	0.190	5.13	5.5	抛光性差，色散强
合成金红石	TiO_2	四方	2.61～2.90	0.300	4.2～4.3	6.5	重影明显

（续表）

宝石名称	化学成分	晶系	折射率/双折射率	色散	密度（g/cm³）	硬度	其他鉴定特征
合成尖晶石	$MgAl_2O_4$	等轴	1.727	0.020	3.63	8	斑状异常消光
铅玻璃	SiO_2		1.63~1.96	0.08~0.031	3.74	5	气泡
锆石	$ZrSiO_4$	四方	1.93~1.99	0.039	3.90~4.73	7.5	刻面棱重影明显
无色合成蓝宝石	Al_2O_3	三方	1.76~1.77	0.018	3.95~4.10	9	洁净

二、红宝石、蓝宝石的主要鉴定特征

1. 红宝石、蓝宝石鉴定特征

自然界中，红色和蓝色宝石很多，一些中低档者可能被不法商家用来冒充，以获暴利。鉴别的依据就是前述刚玉宝石的基本特点，注意这些性质间的差异，就可以用肉眼或借助一些仪器区分它们。表6-3和6-4分别列出了红宝石、蓝宝石及其代用品的物理性质。

表6-3　　　　　　　　　　红宝石及其部分代用品的物理性质

宝石	硬度	密度	折射率	双折射率	二色性
红宝石	9	3.99	1.76~1.77	0.008	中等，黄红-深红
锆石	7.5	4.69	1.92~1.98	0.060	弱
铁铝榴石	7.5	3.9~4.2	1.76~1.81	无	无
镁铝榴石	7.2	3.7~3.9	1.74~1.76	无	无
尖晶石	8	3.6~4.0	1.72~1.75	无	无

（续表）

宝石	硬度	密度	折射率	双折射率	二色性
黄玉	8	3.53	1.63~1.64	0.010	清楚
电气石	7	3.10	1.62~1.64	0.020	强
玻璃	约5.5	2.3~4.5	1.5~1.68	无	无

表6-4 蓝宝石及其部分代用品的物理性质

宝石	硬度	密度	折射率	双折射率	二色性
蓝宝石	9	3.99	1.76~1.77	0.008	强，紫蓝-绿蓝
锆石	7.5	4.69	1.92~1.98	0.060	弱
尖晶石	8	3.6~4.0	1.72~1.75	无	无
黝帘石	6.5	3.35	1.69~1.70	0.009	很强，三色性
黄玉	8	3.53	1.63~1.64	0.010	清楚
电气石	7	3.10	1.62~1.64	0.020	强
蓝玻璃	约5.5	2.3~4.5	1.5~1.68	无	无

表6-5中列出了天然刚玉宝石与合成品的区别，通过这些特征可大致将天然刚玉宝石与合成品区分开。

表6-5　　　　　　　　　　天然刚玉宝石与合成品的区别

性质	天然刚玉宝石	合成品
形状	呈六边形桶状和柱状晶形，可见天然生成的晶面和晶棱	像倒置的梨和短粗的胡萝卜状
色调	色调常不饱和，常可见色带，颜色不均	均匀饱和，一般无色带
净度	多不干净	净度好
星光效应	在内部，星光柔和，星线较粗，三条星线交点不太清晰	浮在表面，星光不柔和，异常光亮，星线极细，星线交点极清晰
气液包裹体	单体独立，指纹状、羽状、文象状	气泡单体似断非断，似连非连，气泡外有黑圈
固体矿物包体	有锆石、尖晶石、磁铁矿、黑云母、白云母、磷灰石、石榴石等	无矿物包体，偶见白色氧化铅、红色氧化铬粉末，可见呈金属光泽、三角形或六边形的铂金片
生长纹	平直或六边环状	圆弧形或平直

三、祖母绿的主要鉴定特征

1. 祖母绿及相似宝石的鉴定特征

与祖母绿颜色相似的宝石有：萤石、翠榴石、钙铝榴石、铬透辉石、绿电气石、绿玉髓、磷灰石、翡翠、玻璃、钇铝榴石（YAG）、立方氧化锆（CZ）等。区分它们与祖母绿对于专业人士不是问题，区分要点见表6-6。

2. 合成祖母绿及天然祖母绿的鉴别

合成祖母绿有两种方法：助熔剂法和水热法。不同方法合成祖母绿的鉴别特征有所不同。

（1）熔剂法合成祖母绿的鉴别

①折射率和双折射率：大多数熔剂法合成祖母绿的折射率值为1.560～1.567，比天然祖母绿的最低折射率值低0.005，天然品大多为1.567～1.590。

大多数熔剂法合成祖母绿的双折射率值为0.003～0.004，而天然品为0.006～0.007。曾报道过某些来自非洲的天然祖母绿双折射率低至0.004，但它们的折射率值仍在1.570～1.590之间。

②相对密度：大多数熔剂法合成祖

母绿相对密度为2.65～2.66，天然祖母绿为2.67～2.90。在2.65的重液中，合成品缓慢下沉或悬浮，天然品则迅速下沉，但是重液的相对密度应特别准确。

③发光性：在紫外光下呈强红色荧光，吉尔森N型不发荧光。天然祖母绿暗红或无荧光，哥伦比亚祖母绿荧光较强。

④吸收光谱：合成祖母绿吸收光谱与天然品相同，但比天然品列更清晰更典型，吉尔森N型合成祖母绿在紫区427 nm处可见铁的吸收谱线，与天然品不同。天然祖母绿颜色较浅时，会缺少黄绿区的吸收带，仅在红区可见几条吸收线。

表6-6　　　　　　　　　　　祖母绿与相似宝石特征一览表

宝石名称	比重	光性特点	折射率	区别要点
祖母绿	2.70	一轴晶（－）	1.575～1.583	
萤石	3.18	均质体	1.437	均质体、比重大、硬度低、折射率低
钙铝榴石	3.65	均质体	1.74	均质体、比重大、折射率高
翠榴石	3.84	均质体	1.89	均质体、比重大、折射率高
电气石	3.05	一轴晶（－）	1.620～1.638	比重大、折射率高、双折射率高
磷灰石	3.18	一轴晶（－）	1.634～1.638	比重大、折射率高、硬度低
铬透辉石	3.30	二轴晶（＋）	1.675～1.701	比重大、折射率高
石英岩	2.64	集合体	1.54	粒状集合体、折射率低、比重小
翡翠	3.33	集合体	1.66	粒状集合体、比重大、折射率高
立方氧化锆	5.90	均质体	2.15	均质体、极高比重、极高折射率
钇铝榴石	4.58	均质体	1.83	均质体、高比重、高折射率
玻璃	2.45～4.00	均质体	1.52～1.66	均质体、有气泡

⑤滤色镜：查尔斯滤色镜下合成祖母绿一般显示强红色，吉尔森N型合成祖母绿不变色。

⑥内含物：熔剂法典型的内部特征是面纱状愈合裂隙。早期的合成品的愈合裂隙常是强烈弯曲和扭曲的，呈烟雾状或面纱状。近期的合成品中羽状体几乎是平的，放大观察可见它们是由排列成复杂图形的助熔剂小滴或孔洞组成的。

莱尼克斯合成祖母绿含有一套特征包裹体，管状或放射状的熔剂熔融体，羽状分布的孔洞和某些宝石中可见的两相或三相的长尖状包体。

熔剂法合成祖母绿中有时可见无色透明、形态完整的硅铍石晶体，平直状或六边形色带。

⑦红外光谱测试：红外吸收光谱测试熔剂法祖母绿缺少天然祖母绿中各种水的吸收峰。

⑧微量元素：熔剂法祖母绿中可含含量很低的Li、Mo等天然祖母绿中未见的元素，证实钼酸锂助熔剂的存在。

（2）水热法合成祖母绿的鉴别

与熔剂法不同，水热法合成祖母绿的折射率、双折射率和相对密度等物理参数与天然祖母绿相重叠，无法通过这些参数的精确测试来鉴别，主要通过内部特征来识别。

①包裹体：水热法合成祖母绿内部较洁净，有时可见羽状体。放大观察可见这些羽状体。由气液两相包裹体组成。这种特征与天然祖母绿特征极为相似。

水热法合成祖母绿内可见硅铍石晶体，这些硅铍石可单一出现，也可聚集出现，呈串珠状、彗星状等。有时硅铍石与含两相包体的孔洞相连，孔洞逐渐变细成一个尖端，外形似大头针或图钉，称为钉状包体。

水热法合成祖母绿中有时可见籽晶片，呈无色或浅色的平行条带，边部常发育细小两相包体。

②生长带和色带：水热法合成祖母绿的内部特征之一是具有阶梯状，近于平行状或角状生长带和色带形成箭头状的图案，它们与籽晶片平行，这种特征在天然祖母绿中未曾见过。

多次生长是莱切雷特纳祖母绿的特征，出现平行台面的层状结构，层与层之间颜色不同，显示明显的色带，色带以无色或浅色中间层呈对称分布。

③发光性：在紫外光下通常呈强红色，桂林合成品呈弱红色，俄罗斯合成品无荧光。

④查尔斯滤色镜反映：查尔斯滤色

镜下通常显强红色，俄罗斯产品呈弱红色。

⑤红外光谱：水热法合成祖母绿与助熔剂法不同，红外光谱测试含水的吸收峰。林德合成祖母绿仅含Ⅰ型水与天然祖母绿既有Ⅰ型水也含Ⅱ型水明显不同。但俄罗斯、中国桂林合成祖母绿也含有Ⅰ型

和Ⅱ型水。

四、猫眼石的主要鉴定特征

宝石中具有猫眼效应者较多，颜色上与金绿猫眼相似的有磷灰石、绿柱石、电气石、透辉石、绿色软玉和合成玻璃猫眼。区别见表6-7。

表6-7　　　　　　　　金绿猫眼与相似宝石特征一览表

宝石名称	比重	光性特点	折射率	区别要点
金绿猫眼	3.73	二轴晶（＋）	1.746～1.755	
绿柱石	2.70	一轴晶（－）	1.575～1.583	比重小、折射率低、包体更粗
电气石	3.05	一轴晶（－）	1.620～1.638	比重小、折射率低、包体更粗
磷灰石	3.18	一轴晶（－）	1.634～1.638	比重、折射率、硬度低，有稀土谱
铬透辉石	3.30	二轴晶（＋）	1.675～1.701	比重、折射率略小，颜色深绿色
软玉	3.05	二轴晶（＋）	1.614～1.641	纤维状集合体，绿色，比重，折射率低
玻璃	2.45～4.00	均质体	1.520～1.660	均质体，侧面蜂窝状构造

参 考 文 献

[1]《矿产资源工业要求手册》编委会. 《矿产资源工业要求手册》(2014年修订本) [M]. 北京: 地质出版社, 2014.

[2]张蓓莉. 系统宝石学[M]. 北京: 地质出版社, 2006.

[3]孟祥振. 宝石学与宝石鉴定[M]. 上海: 上海大学出版社, 2004.

[4]常奇. 宝石鉴赏完全手册[M]. 上海: 上海科学技术出版社, 2007.

[5]克里斯·佩兰特. 岩石与矿物[M]. 北京: 中国友谊出版社, 2005.

[6]李兆聪. 宝石鉴定法[M]. 北京: 地质出版社, 2001.

[7]王长秋, 崔文元, 曹正民, 王时麒, 朱炜炯. 《珠宝鉴赏与珠宝文化》教程[Z]. 2012.